LIFE
IS
HARD

How Philosophy
Can Help Us
Find Our Way

人生维艰

[美] 基兰·塞蒂亚 Kieran Setiya —— 著

罗昊 汪彧 —— 译

中国出版集团
中译出版社

你让我想起一个人，他正从一扇紧闭的窗户往外看，无法向自己解释某位路人奇怪的举止。因为他不知道窗外正席卷着怎样的风暴，还是说那位路人只是双腿难以站立。

〔奥地利〕路德维希·维特根斯坦
Ludwig Josef Johann Wittgenstein

序 言

本书构思于新型冠状病毒肺炎[1]疫情之前。随着周遭世界分崩离析，我自2020年夏天起，用了十八个月的时间集中精力以赋格的形式撰写本书。身为哲学家，如何生活是我笔下经常探讨的问题，而生活的磨难从未如此紧迫。我想承认这些磨难。

随着年龄日益增长，我与逆境的关系有了变化。近来，无论是从我自己的生活，还是从我所爱之人的生活中，我都愈发切身感受到生活之不易。失去亲友，罹患癌症，饱受慢性疼痛折磨，这些无不改变着我们看待世界的方式。年轻时，我总将人们受苦的事实抛诸脑后，

---

1 中国国家卫生健康委于2022年12月26日发布公告，将新型冠状病毒肺炎更名为新型冠状病毒感染。本书中的相关表述均与原英文保持一致。

甚至需要用一句题词——哲学家路德维希·维特根斯坦（Ludwig Wittgenstein）同姐姐赫尔梅娜（Hermine）说过的一句话——来提醒自己：人们常不去表达所承受的痛苦。生活的不易往往隐匿于生活之下。

我与哲学的关系也同样有了变化。十几岁时，我尤爱形而上学的抽象理论，一心探索心灵和世界的基本结构。于我而言，哲学曾是一条逃离日常生活的出路。如今，我仍尊崇以晦涩的形式呈现的哲学，我愿在任何人面前为这样的哲学辩护。一个社会，倘若抵制研究现实及人类地位问题，甚至抵制研究那些连科学也无法解释的问题，必定地瘠民贫。

但是哲学不必如此，事实上也不局限于此。学习这门学科，无异于成为论证的匠人，在面对棘手的问题时学会拆分和推理。这正是我在大学所学，也是我数年来深信不疑地教给学生的。不过，我日渐渴望一种更贴近生活的哲学。在参加研究生院资格考试时，各位考官的评价大多是正面的，褒奖的内容早已被抛诸脑后。我仍记得的是一句带有批判口吻的话：考官警告说，我的想法并未"经过直接道德经验这个熔炉的考验"。我和朋友以

序　言

这番话做戏谑，可它一直令我难以忘怀。与其说是经验扼杀了我的理论萌芽，不如说是我的理论与经验相去甚远，这才是关键。

哲学如果经过了直接道德经验这个熔炉的考验，会是怎样一番面貌？这是个令人望而生畏的问题。每个人的经验都不够广泛和渊深，不足以代表所有人的经验。每个人的视角也都有局限性，都有各自不同的偏倚和盲点。但也许存在一种源于个人生活的哲学，尽管它也使用论证和思想实验，运用哲学理论以及哲学区分。它模糊了论证性文章和个人随笔之间的界限，也让哲学与这样一类人的生活经验难解难分：他们往往把哲学当作一件触手可及的工具，用以克服生活的种种逆境。这种哲学让我们回归"哲学"二字的本义，回归作为一种生活方式的哲学。

值此多故之秋，怀着这份初衷，我写就此书。

引 言

朋友们，我们必须承认生活不易。有些人生活得比其他人更为艰辛，不过，每个人的生活都少不了风雨，幸运的人一旁有团火来烤干身上的雨水，不幸的人则因风暴和洪水而全身湿透。字面理解也好，比喻诠释也罢，这便是生活。我们生活在全球疫情和大规模失业的余波当中，同时还面临着气候变化的愈演愈烈和法西斯主义的死灰复燃，而这些灾难将尤其重创贫苦百姓、老弱病残和遭受压迫的人们。

一直以来，我都算得上幸运。我从小在赫尔（Hull）长大，那是一座位于英格兰东北部、曾辉煌一时的工业城市。我的童年也有过风波不断，但我爱上了哲学，一路发展成为剑桥大学的本科生，随后来到美国，开启了研究生学习生涯，最终留了下来。如今，我成了一名哲学教授，任职于麻省理工学院。这所声名显赫而风格另类的学院。有它庇护着，我工作稳定，收入可观。我有座房子，婚姻美满，孩子更是青出于蓝。我从未挨饿或流离失所，未遭受暴行，也未经历战争。可最终，面对疾病、孤独、失败和悲痛，我们无人能幸免。

自二十七岁起，我就饱受慢性疼痛折磨。这种疼痛持续不断，时轻时重，还总让人猝不及防，阵阵嗡鸣更是让我分心走神。我很难集中注意力，有时甚至彻夜难眠，宛如一座孤岛，毕竟这种疼痛无迹可寻，几乎无人能感同身受（请在第一章听我和盘托出）。三十五岁时，我提早迈入了中年危机，生活循环往复，日子过得浑浑噩噩，成功与失败相继往复，遍布未来的日子，直至死亡。八年前，我母亲确诊为早发型阿尔茨海默病，她的记忆先是衰退了一段时间，接着突然间丧失殆尽。每时每刻，我都因一位在世之人而悲痛不已。

如今环顾四周，触目皆是苦难。写下这些文字时，许多人丢掉了工作，付不起账单；所爱之人罹病，甚至奄奄一息，悲痛犹如疫情般四散开来；不平等现象靡然成风，民主制度脆弱不堪；全球变暖的警钟已经敲响，可我们却

引 言

置若罔闻，随之而来的将是一场新的风暴。

我们该何去何从？

人类的境况无良药可医，但二十余年的学习与从教让我相信，道德哲学对此有所助益。本书将阐释这如何可能。

所谓"道德哲学"，其虽以道德为名，所涉却远不止道德义务。约公元前375年，柏拉图在《理想国》(*Republic*)一书中写道："凡论证所涉，并非寻常话题，而是人应当如何生活的问题。"道德哲学的主题广泛，触及生活中的一切紧要之事。哲学家追寻探讨什么对于我们来说是善的，我们应当胸怀何种志向，培养和崇敬何种德性。他们提供指导并给予论证，进而构建出引导生活的理论。道德哲学也有学术的一面：哲学家研究抽象问题，各执一词，互相诘问，他们通过思想实验交流观点，熟悉的问题因此变得陌生。不过，道德哲学有一个实践的目的。纵观历史，哲学的伦理学和"自助"(self-help)在大多情况下并无明确区分。人们一度认为，对应当如何生活的哲学反思，理应让我们的生活变得更加美好。

对此我全然同意，可对美好生活的渴望往往意味着更为异想天开的目标：最好的生活，抑或理想的生活。在《理想国》中，柏拉图并未反抗古希腊彼时彼地（here and now）的不义，而是通过建立乌托邦式的城邦，来想象正义。在《尼各马可伦理学》(Nicomachean Ethics)中，柏拉图的学生亚里士多德追求的至善是"幸福"(eudaimonia)，这种生活不仅足够好，而且只要你能够对任何生活进行选择，就应该非选这种生活不可。亚里士多德认为，人们应该模仿众神："不要理会有人说，人就要想人的事，有朽者就要想有朽者的事，应当竭尽所能追求不朽的东西，过一种适合我们身上最好的部分的生活。"关于如何生活的问题，他给出了一幅没有匮乏或生活需求的图景。可以说，这是他眼中的天堂。

即便把眼光放低，人们更愿意用理论解释的也是美好的生活，而非糟糕的生活。他们关注快乐，而非痛苦；关注所爱，而非所逝；关注成功，而非失败。前不久，哲学家谢利·卡根（Shelly Kagan）自创了"不幸"(ill-being)一词，指"直接导致生活变糟的一切因素"。他观察到在"有关幸福（well-being）的经典讨论"中，"不幸大多被人们忽视"。不幸在这里类似于"积极思考的力

引 言

量",这种力量让我们不再沉湎于考验和磨难,而去梦想我们想要的生活。即便是明确关注如何安于逆境的古代斯多葛学派(Stoics)哲学家,也都出人意料地乐观。他们相信,无论环境如何,我们都能活得兴旺(flourish),幸福与否完全取决于我们自身。在以上种种观点中,当人们追求美好生活时,生活的不易被压制了。

以上思考问题的方式其实大谬不然——这是撰写本书的前提。换言之,我们不应忽视生活的不易。最好的生活往往不可企及,一味地追求它只会徒增烦恼。

你或许会觉得这种态度太反传统,或是太悲观了。但是我们无须为了活得坚韧而去过"最好的生活";我们必须直面现实。你或许有过这样的经历:工作不顺,与亲朋好友大吵,因健康危机而胆战心惊……遇到了诸如此类的问题并向朋友倾诉,而他们一听便立马安慰你——"别担心,会好起来的!"——或者为你献计献策。可这种回应并不是令人感到宽慰的,恰恰相反,这感觉像是在否认:对于你所遭受的事情,他们拒绝承认。在这样的情景下,我们认识到有时无异于袖手旁观。

更有甚者,他们义正辞严地为人类遭受的苦难辩护,

人生维艰

所谓"万事皆有因"——当然尽管事实并非如此。哲学中有"神义论"（theodicy）一词，指为上帝对待人类的方式辩护的一种论点。神义论处理有关恶的问题：倘若上帝当真全能和慈善，那世间万恶又从何而来？即使撇开狭隘的有神论或教义语境，神义论也自有其生命力。无论是否有宗教信仰，每当我们抗议某件事不该如此发展，便会联想到罪恶问题（the problem of evil），而当我们用一切都是最好的安排聊以自慰时，便陷入了某种类似神义论的思考。

神义论的困难不仅存在于理智层面——所有论证都不成功——还存在于伦理层面。无论是为自己或他人遭受的苦难辩解，还是以这种方式压制怜悯和抗议，都荒谬至极，而这正是神义论中最著名的一幕所揭示的道德寓意。在《约伯记》（*The Book Of Job*）中，控诉天使（Accusing Angel）唆使上帝考验一位"完全正直之人"（a man of perfect integrity），杀光其子女，夺走其家产，让他"从脚掌到头顶"都长满疥疮，只能用尘土里的碎陶片挠身，这个人便是约伯。约伯的朋友们坚称是他自己犯下了某种罪孽，这才招致上帝惩罚，是他罪有应得。

引　言

但他们遭到了上帝的谴责，"因为他们对我的议论并不真实"，与此同时，约伯坚称自己的无辜。最后，上帝双倍偿还了约伯的财产，"一万四千只羊，六千匹骆驼，两千头牛，一千头驴"，还有新生的七个儿子和三个女儿。虽然故事似乎以补偿告终，但是神义论却土崩瓦解了。如若认为这些足以弥补约伯最初的丧子之痛，那无疑是滑天下之大稽。

我们应当从《约伯记》中看到的，不是德性终将得到褒奖，而是约伯的诸位朋友不该为他遭受的苦难寻找借口，正是约伯道出了真谛：我们本就不该遭受这些苦难。虽然我本人不信仰上帝，但这不代表上帝并不存在，而是在说如果上帝存在的事实与苦难在人类生活中持续普遍存在的事实能够共存，那么两者的调和不应削弱或阻止对同情的呐喊，无论是同情他人抑或同情自己。

这便造就了我们当下的处境：我们是这样一种传统的后裔，它敦促我们关注生活中的至美之物，又痛苦地意识到生活是如何不易。一睁开眼，就直面着各种苦难：病痛、孤独、悲痛、失败、不公和荒诞。我们不应当眨眼，而是应当更仔细地看，因为我们在磨难面前所需的正是坦然承认。

凭着这份动力,我写下了此书。它似一张地图,引领我们翻山越岭;如一本苦难指南,道尽个人的创伤和世间的不公与荒诞。书中各章虽均通过论证说理,有时还会对过去的哲学家提出批评,但其中涉及的反思既来自围绕逆境的诸多论证,也同样多地来自对逆境的切身关怀。哲学家兼小说家艾丽斯·默多克(Iris Murdoch)曾写道:"我只能在我能看见的世界中选择,这里指的是道德意义上的、能够激发道德想象和道德努力的'看见'。"让我们找准生活方向,告诉我们如何感受并体验生活的,与其说是基于逻辑的论证,不如说是基于经历的描述,而描述生活的本质并非易事。在这一点上,哲学与文学、历史、回忆录、电影一脉相承,我将穷尽我所知的一切来讨论这个问题。

我在上文中曾提及,道德哲学和自助长期交织在一起,而本书的诞生或多或少也归功于这段历史。反思人类境况的缺陷能减轻它所带来的伤害,帮助我们过更有意义的生活。但本书并非自助类书籍,没有"摆脱悲痛的五大妙招",也没有"不劳而获的诀窍"。它也并不借

引 言

助某个抽象理论或某位已故哲学家的学说来解决人生难题。不存在浮想联翩的想象,也不存在权宜的计策,这仅是一本倾心慰藉的作品。正如诗人罗伯特·弗罗斯特(Robert Frost)所说,人类若是遭受苦难,那么便"没有退路,唯有前行"。

而漫漫长路,有两种洞见指引我们前行。其一,快乐和幸福不可相提并论。要想快乐,纠结于逆境也许有益,也许无益,但我们不应止步于快乐,毕竟它不过是种感觉、情绪,一种主观状态,生活在谎言中也可以快乐。假设有一个人名为玛雅,她浸泡在营养液中却浑然不知,大脑插有电极,每天摄入模拟理想生活的意识流。她虽然快乐,但她的生活却并不如意。许多事她以为自己在做,但她并没有做,许多事她以为自己知道,但她并不知道,除了机器,没有任何人或物与她互动。你不会希望她的遭遇发生在自己所爱之人身上:一生囚于瓮中,受尽欺骗,形单影只。

事实是我们不应以快乐为目标生活,而应竭尽所能地活得好。哲学家弗里德里希·尼采(Friedrich Nietzsche)讥讽道:"人类并不追求快乐,除了英国人。"——抨击了诸如杰里米·边沁（Jeremy Bentham）和约翰·斯图尔特·密尔（John Stuart Mill）等仅看重趋乐避苦的思想家。并不是说应寻求不幸，抑或对幸福与否漠不关心，而是说，我们感受到的生活不过是冰山一角罢了。我们的任务在于直面应该面对的逆境——挖掘生活的真谛便是唯一途径。活在真实的世界中，而非沉溺于我们所期待的理想世界中。

其二，在追求活得好时，我们不能因为一己私利而无视公平，也不能与他人划清界限。随着本书的推进，我们会发现，即便是最狭隘的关切——一人遭受的苦难，一人的孤独，一人的挫败——也都是隐含的道德问题，它们与恻隐之心、人生价值以及会使不义模糊化的只重成败的意识形态交织在一起。怀揣一颗真诚的心去反思生活的苦难，我们便会自然而然地关心他人，而不会于墙角孤芳自赏。

关于这点，不宜夸大其词。在柏拉图的《理想国》中，苏格拉底（Socrates）描述了这样一位被夺走名誉的正义之人，受人诬陷与诬告，"被无情鞭笞，四肢都被铁链绑在了刑架上，被火烧瞎了双眼"，但他从始至终都做正确的事。因此，在柏拉图看来，他的生活过得挺好，而理智的亚里士多德则不以为然，因为做应当做的事，即做正确的事——他所谓的"善行"（eupraxia）——是一码事，过应当想过的生活是另一码事。柏拉图笔下的受害者实现了前者，却未能达成后者。他做了正确的事，但在做正确的事反而会让我们付出惨重的代价的情况下，我们不会想要像他那样生活。

亚里士多德观点的不足，并不在于他做出了这一区分（这个区分完全有道理），而在于他关注我们想要的生活，仿佛我们可以过任意一种生活一样——实则……而非最好的生活。赋予本书活力的主张是，想要生活过得好便意味着在不易的生活中找到足够多的值得追求的东西。哲学无法保证我们快乐，抑或过上理想生活，却有助于减轻我们承受的苦难。本书以身体的衰弱开篇，历经爱与丧失，直到社会结构，最终以"整个残存宇宙"收尾。剧透警告：人生的意义是什么？第六章自有答案。

第一章谈论的问题并不那么令人愉快：身体残疾和疼痛的影响。我将解释残疾的不良影响，还有随着年龄增长而逐渐加深的残疾，遭到了普遍的误解。社会活动家们声称，除了偏见和糟糕的环境设施以外，身体残疾并不一定会让生活变糟。此番见解在亚里士多德幻想的理想生活——应有尽有、无所不缺的生活——对比下相形见绌。但这种理想并不连贯合理，社会活动家所说的才是对的。一旦话题从残疾转变为疼痛，哲学便有了局限：哲学毕竟不是一剂麻药。不过哲学能帮助我们理解疼痛为何是坏的，这个问题远比看上去复杂。对于那些饱受疼痛折磨的人，向他们表达并承认这种疼痛，既是安慰，也是同情的立足点。

除了生理疼痛以外，还有因孤独、失落和失败而产生的精神疼痛。在第二章中，我们将与孤独对峙，从唯我论（solipsism）——主张只有自我存在——谈到人类是社会动物的观点，以此追溯人类对于社会的需求。我们会发现，孤独的伤害会激发友爱的价值，而友爱的价值又会激发他人的价值。在确认该价值后，爱便与同情和尊重相通，这便是为什么照顾他人的需求有助于缓解孤独。

而友爱和爱情的阴暗面是面对哀痛时的脆弱。在第三章我们将从一段关系的结束出发——我会分享一段

引 言

不体面的分手经历——进而探讨到人类生命的终结。我们将看到爱如何表明悲伤是正当的,从而看到不快也是幸福的一部分。最后我将用一个既关涉情感,又具哲学性的谜题结束本章。倘若所爱之人逝去的事实是伤痛的理由之一,且这一事实永远持存,无法磨灭,那么这是否意味着我们应一直悲伤下去?我将记录人类面对悲伤时的理性并阐述哀悼的行为如何达成理性所无法达成的东西。

第四章转向了个人的失败。我会在此章中分别谈到一群愤怒的佛教徒:陀思妥耶夫斯基(Dostoevsky)的《白痴》(The Idiot)中的梅诗金公爵(Prince Myshkin),还有棒球运动员拉夫·布兰卡(Ralph Branca)。我将论证,是叙事统一性的诱惑才让我们有了"赢家"和"输家"之分。我们应该抵制这种冲动,拒绝以简单、线性的方式叙述生活,也拒绝重视计划而忽视过程。但同样,论证也存在限度。我提倡的观念转变并非仅靠做出决定就能实现,而是需要自己实实在在做出努力,同以成就衡量人生的意识形态作斗争,正是这把标尺将财富和社会的不平等纵容到如此荒谬的地步。

因此，在个人生活的失败与占据本书最后三分之一的不义问题之间，有一座桥梁相连。

在第五章里，我们将重温批评家约翰·伯格（John Berger）的名言，"世上所有的幸福都包含对正义的渴望"。通过借鉴柏拉图在《理想国》中的论述，以及哲学家西奥多·阿多诺（Theodor Adorno）和西蒙娜·韦伊（Simone Weil）的观点，我会谈到：行不公之事的人也许会快乐，但他们的生活不会幸福。得出这一结论无须经由晦涩难懂的证明，只需"阅读（reading）"周遭世界，留意自己和他人生活中的苦难。所以，本书的第一章也服务于一个道德的目的，在那里我们考察了私人层面的痛苦，这为我们在本章中在更大范围内考察苦难铺平了道路。本章最后会谈到，每个人都肩负维护正义的责任，即使朝正义迈一小步，也大有裨益。

最后一章着眼于整个宇宙以及人类未来。我将解释正义如何给生命赋予意义，以及这种意义如何取决于我们自己。在这里，气候变化议题撞上了有关荒谬的存在主义问题：行动何其紧迫，焦虑何其严重。我们最后会谈到希望，我们要讨论为什么希望会在囚禁生活弊病的潘

引 言

多拉魔盒中占有一席之地。在矛盾纠结之中,我将找到一种对于希望的使用方式。

归根结底,本书将谈论如何在糟糕的人类境况中活出最好的自己。无论是看待疼痛、结交新友,还是哀悼逝者、接受失败,抑或承担对抗不义的责任、寻求生活的意义,在上述人生逆境中,我都会提供指导。诚然,关于如何生活的问题,并无简单的准则可供依凭。不过,通过在见识中学习,我拥有很多故事、图景和想法———有些借自他人,有些来自自己——以及一腔赤诚,我想尽可能坦率和同情地面对我们所面临的问题。哲学不是无用的玄想,亦非单凭论证堆砌的机器。浏览随后的内容,你会发现除了绵延不绝的论证之外,也有大量其他内容。所有这些文字都旨在描绘人类境况,以此引导欲望。这不是在轻视抽象推理,只是哲学家也有情感。

英国哲学家伯纳德·威廉斯(Bernard Williams)曾在其著作《道德:伦理学导论》(*Morality*)的引言部分警醒世人,我时不时便会想起。"关于道德哲学的写作是一项危险的事业"他劝告道,"……不仅仅是因为写任何困难的主题,甚至是写任何东西都会遇到的麻烦,还有两个特别的原因。其一，关于道德哲学的写作，至少相较于其他哲学分支，更容易暴露作者感知的局限和不充分；其二，万一作者所写被人奉为圭臬，他会在重大问题上面临误导他人的风险。"我认为他的警告不无道理，但上述写作模式的替代模式更为糟糕：事不关己，舍本逐末。

致力于应对人类境况的哲学家必会在描述世界的过程中展露自己。撰写此书时，我恐怕正是如此——尽管我所谓的"恐怕如此"意为：希望如此。

目　录

第一章　病痛　　　　　　　　　　　　/1

第二章　孤独　　　　　　　　　　　　/39

第三章　悲伤　　　　　　　　　　　　/71

第四章　失败　　　　　　　　　　　　/107

第五章　不义　　　　　　　　　　　　/147

第六章　荒谬　　　　　　　　　　　　/187

第七章　希望　　　　　　　　　　　　/219

致谢　　　　　　　　　　　　　　　　/237

第一章

病 痛

你永远也不会忘却医生宣告放弃的时刻。他们表示已经竭尽所能——没有进一步的检查可做，也没有任何治疗方案可选——一切只能靠你自己了。27岁那年，饱受慢性疼痛折磨的我，就亲身经历了这一幕，而这也是大多数人在未来某刻都将经历的，或许是落下残疾，或许最终致命。身体的脆弱性是人的境况的一部分。

我已经记不清那天去看了什么电影，但记得去的是匹兹堡市郊的一家旧艺术影院，名为橡树（The Oaks）。那时，身体侧边一阵刺痛，随即尿意席卷而来，在上完卫生间后稍有改善，可腹股沟像被带子捆住一般紧紧绷着。数小时后，凌晨一两点，疼痛化为一阵尿意将我憋醒，我便又去了趟卫生间，但就像在做噩梦一样，排尿并没有带来好转。紧绷感仍未消减，丝毫不受身体反馈调节的影响。躺在卫生间的地板上，我失眠了一宿，失眠到产生幻觉，其间不时地起身小便，徒劳地尝试按下身体发出的警铃。

第二天，我学聪明了，去看了初级保健医生。他猜测是尿路感染，给我开了一个疗程的抗生素。可反馈的检测结果为阴性，针对复杂情况的检测结果也一样，而疼痛未见好转。自那时起，时间线渐渐模糊，因为我记性本就不好，再加上十一年后，我离开匹兹堡来到麻省理工学院时，尝试将病例一并迁移，可医疗体制未能让我如愿。

不过，故事的主干部分始终令人难忘。我先是做了尿流动力学检查，医生给我插上导尿管，让我饮入一大桶液体并尿入一台机器，它能测量流速、流量和机能。一切正常，接着又做了膀胱镜检查，一位瞧着才十几岁的泌尿科医生，往我的尿道里伸入了一个老式膀胱镜，让人联想到收音机的伸缩天线，伸入的过程中，痛苦令人难以忍受且逐渐增强。我明显感觉有些不对劲，但检测结果依然是阴性：无临床意义；膀胱内部及边缘无可见

第一章　病痛

病变或感染。此结果一出，那些医生护士就把我忘却了，想必是诊所一整个上午都忙得不可开交。我小心翼翼地整理好衣物，好不容易才走出诊所，又沿着福布斯大街（Forbes Avenue）一路蹒跚，回到了工作所在的匹兹堡大学学习大教堂（Cathedral of Learning）。这栋哥特式摩天大楼看着令人哭笑不得，如同一根肿胀的生殖器在我眼前拔地而起，而血液已慢慢从我的身体流出，渗在了内裤上。

离开匹兹堡前，我咨询了另一位泌尿科医生。不过那时，对于"自己的种种症状"，我早已习以为常——身体不适也能安然入睡。疼痛导致的嗡鸣时有时无，我将它视作背景噪声，与它一同生活。这位医生让我坚持下去。"我不知道该怎么解释这种紧绷感，"他回答道，"它似乎并没有特定的成因，而不幸的是并不少见，可以的话，就当它不存在吧。"为了帮助睡眠，他给我开了小剂量的加巴喷丁，一种抗惊厥、治疗神经疼痛的药物，然后便送我离开。它是不是安慰剂，我到现在也无法确定，似乎具有药效，只是并不明显，所以没过几年，我便不再服用。

人生维艰

就这样,差不多十三年过去了,诊断无果,治疗无方。我尽可能忽视疼痛,在全身心投入工作之余,如履薄冰地忍受着不时加剧的病痛。其一旦加剧,不但严重妨碍睡眠,日常生活也会大受影响,而另一边,家里人也各有各的难处。2008年,我的岳母确诊为卵巢癌三期,她是著名作家、批评家苏珊·古芭(Susan Gubar),与桑德拉·吉尔伯特(Sandra Gilbert)一同撰写了《阁楼上的疯女人》(*The Madwoman in the Attic*),并在这部女性主义经典著作中问道:"笔是男性生殖器的隐喻吗?"出于作家的本能,她将病痛付之于笔,以残酷的精确笔触描写了治疗过程:先是摘除大块肿瘤的"减瘤"手术,过程非常曲折,接着又做了化疗,强忍着疼痛插入导管,又未能避免术后感染及随之而来的回肠造口术。在《一个残缺女人的回忆录》(*Memoir of a Debulked Woman*)中,她列举了一系列与疾病斗争的作家和艺术家,包括对弗吉尼亚·伍尔夫(Virginia Woolf)的致敬,伍尔夫在《论罹病》一文中抨击了文学在病痛主题上的沉默。不过,伍尔夫还是太过得体了,在"鬼门关"("Meeting the Devil")一文中,小说家希拉里·曼特尔(Hilary Mantel)

第一章 病痛

在回忆自己的残酷手术经历时就讽刺道:"她(指伍尔夫)可能连肠子也没有,书里连半点影子也找不到。"而对于伍尔夫的遗漏之处,苏珊全在书中袒露无遗:她直白地描写了在减瘤手术中切除了 30 厘米的肠道后大便的狼狈;害怕在众目睽睽之下全身沾满排遗物的神情;因导管失效而与"病痛之床"(bed of pain)连体十七天;一点一点从造瘘术后的创口滴落的排遗物;因癌症本身及接受治疗而持续丧失行动能力。"做完最后一次化疗后,过去半年多了,"她写道,"我的双脚仍动弹不得,稍微多站几分钟就觉得又疼又累。"可即便如此,她终究还是克服重重困难活了下来,多亏试验的药物在第三次化疗失败的时候奏效了。

与此同时,她的女儿玛拉(Marah),也就是我的妻子,左侧卵巢长有皮样囊肿——"皮样囊肿"就是能长出牙齿和头发的一类囊肿——必须做手术切除。玛拉由于遗传了岳母的乳腺癌易感基因 2 号(BRCA2)基因,属于乳腺癌和卵巢癌的高危人群,需要定期检查。我的岳父曾做过心脏直视手术,也是死里逃生,而在英格兰老家,我的母亲还确诊了早发型阿尔茨海默病。

人生维艰

我之所以记录上述的种种磨难，不是因为我们同约伯家般遭受了异乎寻常的灾殃，而是因为我知道我们并非潦倒到这幅田地。每个人都会经历短暂的病痛和失能，且每个人周围也都有人罹患癌症、心脏病或慢性疼痛。新冠肺炎疫情暴发时，尤其在隔离期间，每个人都有亲朋好友饱受病痛折磨，甚至因病离世。无论是身体的健康，还是基于身体健康的一切，都十分脆弱，对此我们无法视而不见。再强健的人也必会衰老，随着行动能力的日渐衰弱，他们会慢慢脱离针对残疾的社会活动家口中的"暂时健全"的人口群体。无人青春永驻，残疾在所难免。对此，现实的应对方法不是一厢情愿地无视这一事实，弃身体于不顾；而是学会如何与状况频出的身体共处。

近期医学哲学研究带给我们的重大教益之一便是注意用词，人们日渐达成一项共识：如果健康意味着身体及其各个部分运行正常，那么病症（disease）——某一类别的身体功能障碍，就和病状（illness）——病症给实际生活带来的负面体验有所不同。病症是生物学概念，而病状是生活感知之事，至少部分隶属于"现象学"范畴。

第一章 病痛

正如哲学家们所言,生活会不会因病症而变糟需要"视情况而定"。一般而言,身体功能一旦出现障碍,生活的好坏便取决于障碍的实际影响,而后者纯凭运气和社会环境调节。如果能免费获得药物,即便是诸如 1 型糖尿病的严重病症也不会带来太多病状;可如果没有医疗服务,轻微的感染或痢疾,便能轻易要人小命。这就导致病状大小也按财富、种族和国家的差异而不平等分布,其不平等程度甚至超过了病症的分布。

而"残疾"的概念就更微妙了,它既包括长期残疾,又包括伴随衰老日渐加剧的残疾。过去几十年来,残疾理论家一直主张对身体残疾的意义进行社会性的理解,从而,批评家罗斯玛丽·加兰-汤姆森(Rosemarie Garland-Thomson)在《异乎寻常的身体》(*Extraordinary Bodies*)一书中,倡导"残疾不再是医学领域的问题,而是关乎少数群体利益的政治问题"。正是通过这些为数不多的理论家的工作,美国和英国分别通过了《美国残疾人法案》(*The Americans with Disabilities Act*)和《反残疾歧视法案》(*Disability Discrimination Act*)。残疾问题已然成为公民争取自身权利的焦点。

我花了好些时间才将这些想法纳入我对哲学的管见之中，哲学家伊丽莎白·巴恩斯（Elizabeth Barnes）在最近一本书中也同意这一点："身体残疾，并不指这具身体存在缺陷，仅指这具身体为少数人所有。"她和玛丽·加兰-汤姆森并非在所有问题上都保持一致：二人在有关残疾的本质，即"形而上学"的问题上有所分歧。但她们都同意一旦脱离各种偏见和恶劣生活环境，身体残疾大体上不会让生活更糟，这也是大多数残疾理论家、活动家的共识。正如同性恋者在恐同文化中的遭遇一样，残疾也可能给人带来损害，但这种损害源于社会的失败，而非依据自然必不可免。因此，身体残疾就其自身而言绝非幸福的绊脚石。

这一主张既令人捉摸不透，又让人不敢苟同。哲学家们常将对残疾的立法视为典型的关于伤害或损害的立法，且身体健全之人面对失聪、失明和瘫痪，难免会心存恐惧。残疾活动家认为，只要生活条件充分，身体残疾基本不会妨碍正常生活，人们也不会因此活得比大多数人差。这虽然容易让人误解，但也不无道理。

如果把身体残疾视为一类明显的身体功能障碍，那

第一章 病痛

么它更是一种病症，而非病状。身体功能障碍隶属生物学范畴，而它对生活体验造成的影响由环境因素主导，视情况而定。这意味着，在某种意义上，身体残疾本身于人无害，如果它确实使生活变糟了，那是因为它影响了你事实上如何生活。此外，还有一条哲理更广为人知，我是从琼·穆特（Jon Muth）那本备受好评的漫画书《禅的故事》（Zen Shorts）中领悟得来的，里面讲述了道家"塞翁失马"的故事。一天，塞翁的马丢了，邻里乡亲安慰道："只是运气不好！"塞翁答道："也许吧。"后来他的马又回来了，还多带来了两匹马，邻居们祝贺道："运气真好！"塞翁答道："也许吧。"之后，他儿子想骑马，但那匹马仍未被驯服，儿子摔断了一条腿，邻居又安慰道："只是运气不好！"塞翁仍答道："也许吧。"后来，因为腿瘸了，他儿子无法应征入伍打仗，邻居们又祝贺道："运气真好！"塞翁还是答道："也许吧。"……

所以说，一切视情况而定：身体残疾让生活变好还是变糟，完全由它所造成的影响决定。再者，有大量数据表明，即便在当下的社会中，身体残疾给生活带来的影响并没有想象中糟糕：对于生活幸福的程度，残疾人士的自我评价相较非残疾人士并无显著差异。最近一项文献调查得出结论："大量研究证明，身体存在残疾。身体残疾通常不会减少太多，甚至完全不会减少生活乐趣。"

不过，困惑依旧存在。不可否认的是，依靠轮椅生活、失明、失聪都会使人无缘于有价值的事物，如独自爬山的愉悦、尽收眼底的美景、不绝于耳的鸟鸣。就这一角度而言，身体残疾害人不浅。不过"塞翁失马"的故事也提醒我们，即便是有害之事，也可能会有裨益随之而来。可如果其他条件相同，残疾怎么不会让生活变糟呢？难道它不和将好东西拿走的道理一样吗？

这一困难源于对美好生活的本质的错误理解，该错误可追溯到亚里士多德。这不仅仅是因为他全神贯注于理想的生活，即那种你若可随意选择，就应该去选择的生活。也不仅仅是因为他认为任何形式的残疾都与幸福无法兼容。错误在于认为至善的生活"什么都不缺"。它是"一切事物中最可欲的"，无物可添加于其上。亚里士多德论述道，一旦"幸福"仍缺失任何一个善，那么将其添入便是改善，可"幸福"本身已是至善了。这与他对单一的理想生活的构想是相符的，这种生活围绕着单

第一章 病痛

一的活动——沉思展开,纵然《尼各马可伦理学》前九卷的描述引导我们期待的是卓有成效的政治家的生活。

那些认为亚里士多德强调"自助"的当代学者压制了他学说中的这份偏执,心理学家乔纳森·海特(Jonathan Haidt)便是典型,他写道:"亚里士多德曾说,好生活或幸福是'灵魂符合德性的活动',他并不说幸福来源于救济穷人、压抑性欲,而是说好的生活需要发展功能、实现潜能,成为你依据自然应当成为的人。"但是,除了对性欲本身持有更积极的态度外,亚里士多德所表达的恰恰是海特所说的"他并不说……"之后的内容。于亚里士多德而言,幸福指的是具有理智德性的生活(沉思宇宙及其法则),或是具有伦理德性的生活(勇敢、节制、慷慨、公正、自尊)且受财富和好运的眷顾。亚里士多德并未留下余地来思考足够好的生活的多样性,并没有空间给多种多样的足够好的生活,基于这种多元图景,个体能发展自己独特的天赋、兴趣和品位。无论是幻想生活完美无瑕、一应俱全,还是坚信美好生活只有一条路可走,这些都是我们应予以抵制的想法。

当我回想自己心目中的偶像——他们过上了好生活,

人生维艰

如果确实有人曾过上的话，但他们没有一个是完美的——的时候，首先映入脑际的是他们何其不同：马丁·路德·金（Martin Luther King, Jr.）、艾丽斯·默多克和比尔·维克（Bill Veeck），一位是富有远见的政治活动家，一位是小说家兼哲学家，还有一位是棒球队经理。当然，还有很多其他各式各样的人：我的老师 D. H. 梅罗（D. H. Mellor），释读《塔木德》的代表性拉比希勒尔（Hillel），科学家玛丽·居里（Marie Curie）……你也可以列一份自己的单子，我敢打赌名单上的人不会有太多共同之处。

这种多元性反映了即便受到亚里士多德伦理学的长期影响，人们对美好生活的内容也有了认识上的解放。值得热爱的活动并不唯一——沉思或从政，而是有一个广阔的序列，比如听音乐、读文学、看电视、观电影，或者做运动、打游戏、同亲朋好友聊天，完成作为医生、护士、教师、农户、清洁工人必不可少的工作，甚至进行商业创新，钻研理论的与应用的科学……乃至思考哲学。

这也并不是说做什么都行。尽管亚里士多德不该只关注单一的理想生活，但是有一点他是对的，他强调，

第一章 病痛

有些事情值得追求，而有些并不值得。我们来看看赫尔曼·梅尔维尔（Herman Melville）的一篇极其出色的短篇小说《抄写员巴特尔比》（*Bartlby, the Scrivener*）中的主人公巴特尔比，该故事是由一位骄傲自满却心地善良的律师叙述的，巴特尔比是他雇来的抄写员。故事围绕巴特尔比突然拒绝校对展开。当被要求校对时，"巴特尔比用一种异常平和却不失坚定的声音答道，'我不愿意'"。故事发展至此便开始步入高潮，巴特尔比开始没有理由地重复这句咒语。他不愿吃任何东西，除了姜汁饼干；不愿与同事交谈；不愿在邮局查看邮件；不愿帮律师按住一块胶带，不愿下班——开始就地生活；宁愿一个人待着，不愿回答有关他的生活的任何问题；被解雇了却不愿离职；不愿抄写，但也不愿与律师同屋或做另一份工作；被扭送进监狱后也不愿进食——直到生命结束。我们可能会同情巴特尔比，可他的这些愿望并无道理。

可见，并非所有的偏好都平等：值得追求的事物存在限度。可即便在限度之内，我们也有很多事可做，也有很多方式活得多姿多彩。一旦吸收了这种多元主义，那么好生活就该"一应俱全"这种想法就难免显得荒谬。

人生维艰

我先前列举的那些偶像的生活，都有显而易见的问题、错误和疏忽。人们并不应该力争所有美好的事物，喜欢所有种类的音乐、文学和艺术，喜欢所有类型的运动，喜欢所有类别的爱好，同时担任清洁工、护士、教授、诗人和牧师。

卡尔·马克思（Karl Marx）曾写道，在"共产主义社会……我可以随自己的心意今天做一件事，明天做另一件事，上午狩猎，下午钓鱼，傍晚牧牛，晚饭后从事批评，只要我想"，但他也并未表示这些是强制性的。一件事有价值，并不代表就应该或必须去做，最多意味着它是值得保护和维持的，从而应当得到尊重。我们可以觉得自由爵士乐、古典钢琴曲或死亡金属乐索然无味，人们各有所好。但它们应该被允许存在，以让其他人享受其中。事实上，好的生活是经由选择的，存在限度且容量不大。生活中有好的部分，而忽略掉的方方面面也并不一定会让生活变糟。我不喜欢拉斐尔前派的艺术，也不知道如何修筑栅栏，但这并不会对生活产生不利影响，我有足够多的事情要做。

虽然听上去有些草率，但这便解释了为什么身体残

第一章 病痛

疾通常不会阻碍生活过得好。虽然残疾会让我们无法参与某些有价值之事，从而，在某种程度上也确实有害，但是没有任何一个人有机会，或有余力参与一切有价值之事，许多好事，不能参与也没什么坏处。绝大多数的残疾者为人们的生活留下了足够多可参与的有价值之事，从而，他们过得也就并不比大多数人差，有时甚至过得更好。

比尔·维克的棒球生涯始于做芝加哥小熊队（Chicago Cubs）的爆米花小贩，他的父亲老比尔·维克（Bill Veeck, Sr.）彼时是俱乐部主席。后来，他成了一系列球队的拥有者和总经理：从小联盟的密尔沃基酿酒人队（Milwaukee Brewers），再到大联盟的克利夫兰印第安人队（Cleveland Indians）、圣路易斯红雀队（St. Louis Browns）和芝加哥白袜队（Chicago White Sox）。维克致力于打破棒球运动的种族隔离，签约了美国棒球联盟（the American League）史上第一位黑人球员。他开创先河，即便球队输掉了比赛，他也会在每局比赛间的休息时段通过音乐、杂技、表演，以及与观众互动来让球迷得到享受，这后来被纷纷效仿。他也努力争胜，曾先后在 1948 年和 1959 年,分别随克利夫兰印第安人队和芝加哥白袜队夺冠。维克还设立了棒球运动史上第一块"绽放记分牌",在芝加哥白袜队打出全垒打(home run)时它会放射出烟花。上述的成就都是他在身体残疾的情况下达成的。他在第二次世界大战期间负伤,截去了右脚,后来他的大部分右腿都被截去了。

哈丽特·麦克布莱德·约翰逊(Harriet McBryde Johnson)天生肌肉萎缩,后来成为了一名律师和残疾活动家。她虽然无法行走,双臂完全丧失了活动能力,也无法吞咽大部分固体食物,但却也出乎意料地行至中年。在回忆录中,她记录了一个又一个振聋发聩的故事:抗议杰瑞·刘易斯主持的肌肉萎缩协会的连续节目(Jerry Lewis Muscular Dystrophy Telethon),临时竞选查尔斯顿郡议会(Charleston County Council)议员,参访古巴,参与《纽约时报》(The New York Times)拍摄,同哲学家彼得·辛格(Peter Singer)辩论。辛格认为,父母应该对像她这样天生肌肉萎缩的孩子实施"安乐死",而约翰逊的回答精辟地表达了我本人的观点,"难道我们的生活更糟吗?"她问道,"我并不这么认为,这完全没有道理,

第一章 病痛

生活本就如此多元。"美好生活的前景，存在太多可能，存在太多偶然。

以上的解释和实例表明了身体残疾人士一般来说活得并不比非残疾人士差，这是展现我们有多坚韧的哲学基础。如果这听起来还是言过其实了，那么，有两点需要补充。第一，我们应扪心自问，为什么会觉得身体残疾人士会活得比其他人糟糕，是基于恐惧和偏见，还是基于有意义的证据（约翰逊将同辛格的会面描述得如此细致入微，这一记录本身就提供了一种道德教益，每个人都应当读一读。）第二，我们要承认这个问题的复杂性。处于残疾状态和变得残疾状态存在区别。处于残疾状态不妨碍过上好生活，但并不代表变得残疾的过程不会带来创伤。事实上，创伤总会有的，只是经验数据表明，在大多数情况下，它持续的时间远比我们想象的短罢了。

有些持怀疑态度的哲学家可能仍会问，如果残疾不会让生活彻底变糟，那为什么致人残疾仍是错的。这是一个合情合理的问题。该问题的答案不仅仅在于适应残疾很难，还在于无论是否造成了实质性伤害，干涉他人的身体自主都是错的。不过，有一点应该说明。如果实施伤害是为了防止他人遭受更严重的伤害,那么这种行为就是可以的。例如,我被困于一辆正在燃烧的汽车中,失去了知觉,而你为了将我拉出,弄断了我的腿。但是并不是说只要最终的净后果不坏,就能使得伤害行为本身得到许可。哲学家肖娜·希福林(Seana Shiffrin)曾做过一项非常尖锐的思想实验。她设想有人乘坐直升机,从空中朝毫不知情的受害者扔下价值百万美元的金条,受害者被砸碎了头骨,砸断了四肢。总的来说,得到金条的人会庆幸自己被砸中。因为他们终会从伤痛中恢复,用得来的金条支付医疗费用,还会剩下一大沓钞票。可扔下金条的人仍然是做错了。同理,致人残疾——失明、失聪、失去行动能力等——就是实施伤害,只要未经他人同意,这么做就是错的,即便最终的净后果算起来并不更糟。

  最后还要讲一个最为重要的复杂区分。之前,我笼统概述了与身体残疾有关的内容,讨论了通常的和一般的情况。但是我从没有片刻否认存在极为困窘的残疾体验,这种体验使人的生活支离破碎。毕竟,残疾如果过多限制了人身活动,让人无法追寻有价值的事情,那么

第一章 病痛

它就是毁灭性的——根本无法确保人最终能够适应这种状态。这时,糟糕的周遭环境对他们的影响就极其重大。身体残疾对就业、教育和社会机会的影响大小是由我们的集体力量决定的。既然问题在于残疾人士的身体条件与现有环境不匹配,而环境又是可以调整的,那么可以通过为学校和用人单位提供必要资源,要求它们对残疾人士给予更多照顾;要求建筑按照无障碍标准设计;要求社会政策的制定最大限度地减少残疾人士所受的限制,使他们更有可能过上足够好的生活。

不过,上述说明仍太过简单了。我们仅仅关注到了身体残疾(disability)的词源意义:由于身体功能失常而导致某种能力的缺乏或丧失。我已经论证了,即便你丧失了接触一些美好事物的机会,这本身也并不意味着你无法活得兴旺了。这是所有人随着年龄增长都要体验和忍受的。但是很多残疾和各种形式的病状都有另一面:与能力丧失相伴随着的是身体的疼痛。虽然调查显示,残疾人士的生活并没有想象中的凄惨,但并非没有例外。根据经济学家、哲学家埃里克·安格内尔(Erik Angner)针对老年人群的一项研究,"除两项之外,所有健康的客观指标均与幸福感无关……但是即便控制了自我评估的健康程度,虚弱带来的疼痛和小便失禁仍会降低幸福感"。

几乎任何病痛都会带来的悲哀之处在于丧失能力和经历疼痛。无论是身患癌症、糖尿病还是中风,甚至是感染诸如新冠肺炎等短暂疾病,都可分为以下阶段:能力丧失、身体受苦以及由其引发的焦虑,其中包括对死亡的恐惧。衰老同理。谈到悲痛和希望时,我们会再次探讨对于死亡的恐惧,此处我们将通过处理病痛的具体表现来处理病痛:刚才是残疾,现在是疼痛。

我本人并无任何身体残疾,所以我到目前为止的讨论都是二手的:写作自己从未经历过的事情存在风险,也需警惕。但当讨论来到身体功能障碍时就好一些,因为无人可以幸免于此,也无人经历过所有的功能障碍。我也有一段病痛史,且已承认其特异性,下面让我写一写它在我原本颇幸运的生活中的位置。

在经历了病情相对稳定(偶尔症状发作)的十三年后,事情开始走下坡路。疼痛变得烧灼、紧绷,严重到已经无法靠锻炼来缓解,也无法让我入眠。这时我住在马萨诸塞州(Massachusetts)的布鲁克林镇(Brookline),

第一章 病痛

去看了第三位泌尿科医生,她让我重新做了一遍基础检查:先是尿流动力学检查,结果我在站立时晕倒了,然后又是膀胱镜检查,虽然比第一次好受些,但我无法直视内窥镜的实时成像。她告诉我,有明显的炎症,需要经尿道手术才能改善。

手术有风险,虽然我做好了准备,但最后还是临阵退缩了。我出于疑虑,我预约了第四位泌尿科医生,他不建议我手术,因为有可能会导致严重的并发症,并给我开了一份抗生素处方,一有症状即可服用。可症状过了好几个月才出现,我拿起药连吞带咽,也未见明显效果。又过了六个月,在疼痛最为剧烈、最为肆无忌惮的阶段,我辗转反侧,难以入睡,便去看了第五位泌尿科医生——也就是我现在还在看的这一位。他告诉我,不做手术是对的,但抗生素也无济于事。他称我的症状是慢性骨盆疼痛——听名字好像和症状挺符合,但也没给出多少解释——并开了份"甲型阻断剂"处方。我不确定药物是否有所帮助,但他是第一个认真了解我的经历,承认难以治疗并且和我讨论不良预后的医生。他的承认本身就是一种小小的慰藉,也让我朝着写下此书迈出了一步。

在那之后疼痛又发作了好几次。最后我决定服用安眠药来保证睡眠——从多赛平（doxepin）到助我睡了几晚好觉之后便毫无药效的安必恩（Ambien），同时又做了一轮检查。检查过程让我经历了有史以来最为持久和剧烈的疼痛，却得不出什么结果。我再次与疼痛一同生活，它变得愈发频繁、愈发剧烈、也愈发让我难以忽视。

疼痛于人有害似乎是非常明显的事实，并不需要深入审视，可我却时不时会想，为什么它于人有害？尤其像我这种情况，每天的疼痛并不会让我日渐虚弱。令我宽慰的是，我身体的各项功能还都完好，最糟糕的也不过是睡眠不足。关于疼痛还有什么可说的呢？

弗吉尼亚·伍尔芙可能首创了"疼痛难以言喻"这个惯用的说法，她写道："英文足以表达哈姆雷特（Hamlet）的思绪，再现李尔（Lear）的悲剧，却没有词语形容寒噤（shiver）和头疼。"文学及文化批评家伊莱恩·斯凯瑞（Elaine Scarry）曾在其经典著作《疼痛的身体》（*The Body in Pain*）中对伍尔芙的名言进行了延伸，她写道："身体疼痛，不似其他任何意识状态，它没有实

第一章　病痛

指内容（referential content），既无所属，又无目的。正是因为疼痛不具对象，所以相较于其他意识现象更抗拒语言对其的对象化。"

但作为与疼痛一同生活的人，我知道伍尔芙和斯凯瑞的观点有误。身体疼痛存在"实指内容"，它指代身体中受损或受迫的部分，而且有很多词能用于描述疼痛的性质。在给伍尔芙的回复中，希拉里·曼特尔反驳道：

> 描述疼痛、抽搐、萎缩和痉挛，难道没有凿痛、钻痛、针扎痛、搏动痛、灼痛、叮痛、刺痛、剥皮痛这些词吗？全是好词，早就有的词。没有人的疼痛会独一无二到连魔鬼的痛苦词典里都没有。

"搏动痛""灼痛""紧缩痛"，都能恰到好处地描述我所体验的疼痛。

哲学家乔治·皮彻（George Pitcher）在1970年提出观点"不单是一种感受，而是代表了受苦中的身体"："意识到疼痛也就是感知到——尤其是通过疼痛神经及接收器的刺激感知到——身体某部位受到了损害、挫伤、出现了炎症或疾病。"皮彻说对了一些事情，但他忽略了疼痛也可能是欺骗性的。怎么解释截过肢的人会感觉到所截部位的疼痛呢？怎么解释我身上的疼痛呢，这种疼痛事实上没有像感觉到的那样反映某一部位客观上受损或受迫？事实上，尽管疼痛是身体受损或受迫的表现，但这种表现可以是迷惑性的，这并非意味着疼痛不真实，也不是说疼痛并无"实指内容"，而仅仅是说疼痛错误地反映了身体的状态。

这里便有了一个不寻常的角度可供反思（哲学家们就爱这么干）。欺骗性疼痛是最符合"元"（meta）意义的疼痛，它谎称身体某部位受损或受迫，这本身就意味着身体中追踪受损或受迫的系统——疼痛接收器——已经坏了。即便身体没有任何问题，它也可能会提醒你出现了问题。

但是，正是这种不符反映了问题所在！虽然欺骗性疼痛报错了身体受损的位置，但它也不完全是欺骗性的。没有病理就根本不会疼痛，疼痛就不会犯这种错误。

无论是慢性还是急性的身体疼痛——一种是长期综合征的疼痛，一种是如重度偏头痛的突然而剧烈的疼

第一章 病痛

痛——都指向了身体，使身体成为我们关注的焦点。它就是这样扰乱我们的生活的。疼痛让我们把所有注意力都集中在了它身上，让我们很难与世界建立联系，很难投入到手头上的事，甚至很难让我们在睡眠中抽身放松。生活中值得追求的事情多种多样，可无论最后选择做什么，疼痛都会让我们无法沉浸其中。在疼痛实在势不可当的极端情况下，我们的意识会渐渐收缩聚焦到一点，除了疼痛，别无他物。疼痛不仅自身有害，它还会阻碍我们获得任何美好的东西。

健康之际，我们很少以这种方式感受自己的身体。我们"通过身体感知"，直接意识到正在与我们互动的对象，或人或物，却几乎难以察觉该过程所涉及的复杂身体行为方式。一位管风琴演奏家在演奏巴赫（Bach）的《管风琴第四号奏鸣曲》（*Organ Sonata No. 4*）时，不会在意手指在琴键上数不尽的动作，而会专注于乐谱上的音乐，专注于如何将它隐秘地转化为音符、旋律和节奏。如果她把注意力集中在手指上，演出很可能会翻车。悖谬之处在于，一旦放松全身，身体便消失不见，变为一种透明的介质——这一现象会让我们觉得自己好像存在于身体之外，是一种无人知晓为何物的无形之体。是疼痛将我们拉回到有形的肉体当中。内科医生兼哲学家德鲁·莱德（Drew Leder）曾在《缺席的身体》(*The Absent Body*)一书中写道："疼痛的身体不再是一个'从何处'发起感知的结构，而已然成为所有人关注的对象。当身体自身作为主体显露出来时，对身体的感知及物性使用就被阻滞了。"

就连勒内·笛卡尔（René Descartes）这样一位主张身体和心灵之间存在"实在区别（real distinction）"，即视心灵或灵魂为非物质的实体（immaterial substance）——的现代哲学家都曾因疼痛犯了难：

> 自然……通过疼痛、饥饿、口渴等感觉让我知道，我不单纯是像水手在船上那样存在于我的身体上，而是与它紧密相连，甚至是与它相融，因而我与我的身体构成了一个整体。如若不然，我……不会在身体受伤时感到疼痛，而会同水手仅凭肉眼观察船体何处受损一样，单凭理智察觉损害。

第一章 病痛

笛卡尔这里有些思路混乱了。非物质的灵魂如何能与人类的血肉之躯"相互结合"？他视身体和心灵为完全不同的存在，在这样的二元框架下，他的对比毫无意义。疼痛表明，我们本质上是具身的，而并非囚禁于身体的心灵。法国哲学家莫里斯·梅洛-庞蒂（Maurice Merleau-Ponty）曾在《知觉的首要性》（*The Primacy of Perception*）一文中写道："与其说身体是一种工具、一种手段，不如说是我们在世界中的表达、我们的意向的可见形式。"

有关身体的哲学反思能给努力应对疼痛的我们带来什么？一方面，我希望它能提供一种慰藉，即被关注、被理解的慰藉。疼痛会让人孤独，认为自己身处孤岛，还容易让人觉得只有自己痛苦，而过路人的生活都未受损害。虽然疼痛往往是不可见的，你也不是孤身一人：哲学可以证明拥有身体必将遭受痛苦。

此外，认清健康的透明性也能带来某种慰藉，即莱德所说的健康身体的"缺席"。在疼痛的纷扰中，我有时觉得自己什么都不求，只愿摆脱疼痛。能舒适自在些，身体能好哪怕一次，我都会觉得再幸福不过了。这种感觉真实无疑，但却也是疼痛产生的假象之一，因为疼痛一旦消失，身体便会退居幕后，不再引人注目，预期的幸福也会随之消散。从疼痛中解脱的快乐，如同一幅画，正准备欣赏，就消失不见了；又如一匹绸缎，丝滑至极，没有摩擦，所以摸也摸不到。试图想象没有痛苦的状态，就好比打着灯去寻找黑暗一样。

有哲学家曾在一次思想实验中，设想了一个装置，每当有通电的导线接触这个装置时，它就会在该导线接触其他导体的瞬间造成短路。因此，这个装置被称为"电流阻滞器"（electro-fink）。它使得导线虽然有电流通过，但却无法传导电流。同理，哲学家也可以将无痛苦的快乐称为"阻滞性的"（finkish）。举个更一针见血的例子，19世纪末，法国作家阿尔丰斯·都德（Alphonse Daudet）身患晚期梅毒，他在病情缓和时感到失望，并指出："囚犯所想象的自由比实际的情况更为美好，同样，在病人眼中，健康带给人的快乐溢于言表——但实则不然。"

无论疼痛多么难熬，无论你多么希望疼痛消失，你都会倾向于夸大无疼痛的舒心感觉。只有正遭疼痛折磨的人，才会有"无痛苦的极乐"的心理投射。这是一种

第一章　病痛

阻滞性的体验，正当你趋近它的时候，它就消退了，但你失去的远没有你认为的多。要是我安于悖论的话，那么这一推理确实能让我感到宽慰，也许这只对像我这样的哲学家有用，换个角度来说，对于罹受病痛的人而言，以"无疼痛的状态不可驻留"来提供安慰无疑是在伤口上撒盐。因此我们能以两种方式来看待如下这句话：疼痛不仅令人不适，还让人产生"缓解疼痛会是多么快乐"这样的错觉。要么将其视作宽慰，要么视作某种轻蔑态度。无论哪种方式，我们都能从对疼痛的理解中获益，即便益处不过是事实真相罢了。

疼痛教导我们，谁都无法摆脱身体，也无法恰当地认识无疼痛的状态，但它所教的不止这些，它还教给我们关于我们与他人的关系，以及他人与我们的关系的内容。要说从慢性疼痛的经历中收获了什么有价值的东西，一种假想中的对所有人的同情。对自身苦难的关注实际上与对他人的关注联系紧密，尽管看起来没那么明显。

要理解这点，需要对"道德理论"稍加涉猎，它是哲学的一个分支，旨在制定对错标准。近来道德理论的关键思想之一是"个人分离性（the separateness of persons)"：道德权衡在单独个体中是有意义的，但若是影响到不同的、不相关的人，便会失去意义。例如，为了摆脱日后更为剧烈的疼痛，你预约了根管治疗，想用眼前的受苦换取将来免受更大的痛苦，这是完全合理的决定。相比之下，为了让一个人免受伤害而让另一个人受苦的做法，通常并不可取。正是个人分离性造成了这一差别。

当大多数人的痛苦被纳入考虑时，类似的问题也会出现。假设必须做出选择：是让一个人免受一小时的折磨，还是缓解多数人的轻微头疼？存不存在一个数字上限，达到限度后，你就不该拯救那一个人，而是应当去救多数人？想想身患梅毒的阿尔丰斯·都德所遭受的痛苦吧。下面是他记录的零零碎碎的文字：

诡异的疼痛，犹如烈焰灼烧着我的身体，将它千刀万剐，燃烧殆尽……受难。那一夜就是这样。被钉在十字架上折磨：手脚和膝盖遭到疯狂撕扯；神经被拉扯到感觉下一秒就要断裂。粗绳紧紧缠绕着躯干，长矛狠狠戳痛肋骨，我的嘴唇发烫、干渴，结痂，嘴皮都自己脱

第一章 病痛

落了。

我虽然同妻子开玩笑说,对都德身患梅毒感同身受,但自己根本难以想象他都经历了些什么。如果是在缓解都德的疼痛和一千个人的轻微头疼之间选择,我一定会选择拯救都德。可如果头疼的有一百万、十亿,甚至万亿人呢?

接受个人分离性的哲学家拒绝权衡的提议。由于遭受疼痛折磨的是不同的、不相关的人,因此无论人数多少,对大多数人的轻微疼痛的缓解都无法抵消一个人的剧烈疼痛。个人的疼痛不能相加而论。所以,我们才会花费大量财力用于治疗罕见却难熬的疾病,而非研究效果稍好一些的头疼药。帮助大多数人所获得的细微收益比不上让少数人从巨大伤害中解脱。

如果不涉及分离性问题,情况似乎会有所不同。对于单独一个人而言,缓解身上的多处轻微疼痛(如持续多年的慢性骨盆疼痛)确实好过减缓短期却剧烈的疼痛。如果有一台手术,残忍到不打麻药,持续三个小时之久,却能治好我的慢性疼痛,我想自己应该是愿意去做的。

因此，只考虑一个人的话，这样的权衡便有意义：将两千周的轻微疼痛——我大概还剩下的日子——折算为三个小时的极度痛苦。但我们无法忽视人与人之间的分离性，将这种逻辑强加于完全不同的他人。假设我可以让一个人免受三个小时的极度痛苦，或者让两千人免受一周的轻微疼痛，那么选择拯救后者便不可取。这样一来，关心自己和关心他人便是两码事。

至少我曾经这么认为，而如今自己已同慢性疼痛生活十八年了。对于那台假想中的手术，我仍然没有改变自己的决定；对于是否选择牺牲道德成全大多数人，我也没有做出肯定。比起慢性骨盆疼痛，我宁愿忍受三个小时的极度痛苦，但不会以折磨都德为代价治愈大多数人的头疼。我逐渐怀疑这二者之间能否类比，因为慢性疼痛并非由无数个离散如原子的疼痛片段简单叠加而成。它会占据一个人的意识，因此有别于多数人的疼痛。疼痛的暂时性会完全颠覆它的性质。

我的疼痛有的时候并不明显，且我从未留意疼痛何时开始发作或缓解，而当我意识到疼痛已于感觉的雷达中消失时，疼痛已经过去好一会了。疼到无法忽视的时

第一章　病痛

候，它仿佛会一直发作，永远停不下来。我无法想象一个没有疼痛的未来：我的身体永远不会安分。同样患有慢性疼痛的德鲁·莱德曾在《缺席的身体》中描述了它对于记忆和未来预期的影响："长期的慢性疼痛，让没有疼痛的过去烟消云散了。即便清醒认识到自己曾经并未遭受疼痛折磨，可也已经失去了身体对于没有疼痛的记忆。同理，没有疼痛的未来可能也无法想象。"他的文字与诗人艾米莉·狄金森（Emily Dickinson）写于1862年左右的一首诗遥相呼应：

疼痛——存在空白——

不会记得

何时开始——或是否存在

疼痛未曾开始的一刻

没有未来——唯有其自身——

它的无限包含着

它的过去——激发之下去感知

周而复始——的疼痛

一个人可能会深陷疼痛当中，切断了与过去的联系，也不再期待有朝一日能解脱。

正是疼痛的囚牢让我宁愿选择那台残忍的手术。慢性疼痛比一连串彼此独立、分界明显的伤痛还要可怕。而让它更为可怕的，是预知疼痛持续，而感受不到无痛的生活是什么样子。这就是将一个人的长期疼痛和多数人的轻微疼痛类比不能成立的缘由。这一类比忽视了预期和记忆的伤害。如果我所经历的只是原子化的一连串疼痛，丝毫不影响我的记忆和对未来的预期，那么我怀疑选择进行手术并不比为了缓解百万人的疼痛而选择一个人遭受极度痛苦更讲得通？如果是因为关心他人而拒绝此类权衡，那么关心自己也会是同样的情况。二者并没有看上去那般不同。

我们可以从中明白两个道理。其一，缓解任何一种持续时间不定的疼痛——慢性也好，急性也罢——最好的方式便是专注当下，专注此刻正在做的事情，而非未来即将发生的事情。你如果能把持续性的疼痛视作一系列独立的事件，便能得到些许缓解。"都德给他病友们提供的建议很实用，"小说家朱利安·巴恩斯（Julian Barnes）

第一章 病痛

在他编辑的都德疼痛笔记中写道,"应该把疾病当成不速之客,不该给予特殊照顾,日常生活也该尽可能正常进行。'我觉得自己不会再痊愈了',他说,'连我的医生夏科(Charcot)都这么认为。可我总是一副明早该死的疼痛就会消失得无影无踪的样子。'"我想效仿都德,我得承认那并非易事。

其二,人与人的分离程度没有看上去那般严重。如果由于涉及不同的和分离的个人,多数人的轻微疼痛敌不过一个人的极度痛苦,那么就可以说在不同的和分离的时间上的——排除疼痛引起的时间扭曲——连续轻微疼痛不会比一个小时的极度痛苦更折磨人。即便疼痛仅折磨一人,这般权衡也不会奏效。之前多次谈到疼痛无法在人际分享,人与人彼此分离,事实上,疼痛也无法穿过流逝的时间与自己分享。"人为什么不能替别人小便?"——我的岳母如是问道,她两手一摊,耸耸肩膀,像犹太拉比那般抑扬顿挫地挖苦。可我们同样既不能替过去的自己小便,又不能替未来的自己小便。

我并不否认疼痛带来的孤独,从某个角度来说,我是在放大这种孤独。之所以说疼痛令人孤独,不仅是因为它让我们与他人分离，还因为它让我们与自己分离。不过在某种程度上，我们又可以通过文字和言论来分享疼痛经历。我们如果能够跨越横亘于过去、现在和未来之间的鸿沟，去同情身处于不同时间的自己——受那些在当下无法触及的疼痛而触动，就同样能同情他人的不幸遭遇。虽然同情自己与同情别人不尽相同，但是蕴含的种种情感却并没有看上去那么不同。苦难可以成为团结的不竭源泉。

我想，这便是诗人安妮·博耶（Anne Boyer）在《不死者》(*The Undying*) 一书中谈及"非独一性（un-oneness）"时所要表达的意思。她讲述了自己如何战胜乳腺癌："有一点往往被哲学抛诸脑后：很少有人在大多数时间里都是以单独一个人的形式存在。这种非独一性同所有的独一性一样，也会带来伤害。"我们会因他人的疼痛而疼痛。博耶尔写道，提醒世人这一点，"至少是文学的一个目的，和哲学的目的相反。"所以我才会试图写下痛苦的有漏洞的民主性，亦即痛苦感受是人们共享的景观。"

哲学不必将如下事实遗忘，即我们会同情他人，也

第一章 病痛

会因同情他人而感到痛苦，也无须与文学对立，掩盖受苦之人的共同视域。无论是用文字来描述身体遭受的痛苦，还是身体残疾的经历，都是一项哲学任务，不能将其与思考如何感知这件事情脱离。它既是形式上的反思，又是行动上的同情。我非常感激都德的坦诚，是他让我少了些孤独之感。尽管探究自身的痛苦可能有自恋之嫌，但事实未必如此。在都德的笔记本中，最令人潸然泪下的片段与他本人无关，而有关其妻子的疾病：

> 在朱莉（Julie）床边度过了煎熬的数个小时……我痛恨自己的虚弱，虚弱到无法照顾她。不过，我仍能同情他人，温柔待人，正如有能力经历情感折磨一样……为此我非常庆幸，尽管今天剧烈地疼痛又回来了。

我很高兴和都德一样，能在历经疼痛时保持同情，从而让我们看破与他人的分离，就如看破与我们自己的过去和未来的分离一样。不过，我们须承认非独一性的局限。同情难以持存，况且疼痛不仅会带来精神上的孤独——渴望有人知道自己的痛苦——还往往伴随着来自社交孤立的日常孤独。正如哲学家哈维·卡瑞尔（Havi Carel）所写，"一旦身患疾病，我们便难以再用自然的方式参与社交互动，难以启齿的疑虑和不适会将我们压垮，真切的交流需要付出更大的努力"。病人有可能感到孤独，但并非不可避免，而且会感到孤独的不止病人。这是更为广泛的社会问题，是我们所有人在某种程度上都会面临的困难。哲学能从孤独中收获什么，或者能教导我们用何种方式来治愈孤独呢？

第二章
孤 独

记得我七岁那年写了第一首诗，当时正等着上课。我到得太早，门还未开。虚构的记忆中，操场上有风滚草掠过。我打开笔记本，写下四行诗，押上了韵脚。诗的开头，"置此凄凉地"，把校园比作荒漠，而我形同远走他乡的伶仃旅人。所幸余下诗行已记不大清，能回忆起的是我朋友寥寥的童年，孤单——却没有特别孤独。

虽然我可能未曾思考太多，但区分二者很是重要。社交孤立的痛苦，即孤独，不可与独处混淆。只身一人，安然自处，可能不会感到孤独；而身处人群，却可能会感到孤独。因感时伤逝、流离失所而产生的暂时性或情境性孤独与持续数月、数年的长期性孤独之间同样有所区分，此外，有些人会比其他人更容易感到孤独。

人生维艰

如今，即便是最不容易感到孤独的人，也得经受考验了。2020年3月末，正值新型冠状病毒感染疫情流行高峰，全球有三分之一的人口，约25亿人遭到封锁。有的同家人一起隔离，有的独自一人隔离。病毒肆虐之余，孤独也在蔓延。我的应对之策相当老套：创办了一档播客节目《五问》(Five Questions)，专门采访哲学家有关他们自己的问题。效果不错。可无论如何，我还有妻子孩子在家，没什么可抱怨的，而有些人的处境则糟糕得多：有的孑然一身；有的惨遭虐待；有的照顾无法自理的家属或幼儿而得不到援助；还有的身处医院，无人探望，或无法看顾所爱之人。这般糟糕的境遇仍将持续好几年。

甚至早在新冠肺炎疫情之前，人们便已愈发担心孤独感加剧。2018年，特蕾西·克劳奇（Tracey Crouch）出任英国首位"孤独大臣（Minister of Loneliness）"，该职位由米姆斯·戴维斯（Mims Davies）和黛安娜·巴兰（Diana Barran）先后继任。辞职前，她曾发布一份名为《互联社会：排解孤独之策》(A Connected Society)的政策文件。与此同时，美国七十多年来一直有出版与孤独相关的劝谕性书籍，如1950年的《孤独的人群》(The

第二章 孤独

Lonely Crowd），20世纪70年代的《孤独的追寻》（*The Pursuit of Loneliness*）、《一个陌生人的国度》（*A Nation of Strangers*），还有其后的《独自打保龄球》（*Bowling Alone*）、《群体性孤独》（*Alone Together*）等。根据一项曾于2006年刊登头条、至今仍被广泛引用的研究，与1985年相比，2004年美国人"在重要事宜上"无人倾诉的可能性是以前的三倍。

这番论述完全合乎情理：两百多年来，"占有性个人主义（possessive individualism）"的意识形态将我们描绘成累积私人物品的社会原子（social atoms），这种意识形态侵蚀了西方社会结构，并任其陈腐和朽坏。约1800年，"loneliness"一词首次出现在英语中。此前，我们所知意思最为接近的词是"oneliness"，表示独自一人的状态，且同"solitude"一样，并未包含情感上的痛苦之意。有些人甚至认为，不仅是这一词，连同孤独的体验本身都始于1800年。因此，浪漫主义诗人对孤独自省的崇尚——如拜伦勋爵（Lord Byron）所著的《恰尔德·哈洛尔德游记》（*Childe Harold's Pilgrimage*），珀西·雪莱（Percy Shelly）笔下的《阿拉斯特，或孤独的精灵》

（*Alastor or the Spirit of Solitude*），还有1804年威廉·华兹华斯（William Wordsworth）所写的《我好似一朵流云独自漫游》（*I Wandered Lonely as a Cloud*）——正如1836年查尔斯·狄更斯（Charles Dickens）所描述的那般，让位于工业大都市中的疏离。

在伦敦，不论一个人是富贵、窘迫，还是平庸，他的生存和死亡都无人问津，真是奇怪。他无法唤醒任何一个人胸中的同情；他的存在除去自己外别无他人在乎；他要是死了，可别说是被人遗忘了，毕竟连在世之时，都无人记得。

然而，有些孤独的批评者抱怨，数据和历史往往都更为复杂。2006年的那项研究一经公布，便立刻遭到了社会学家克劳德·费舍尔（Claude Fischer）的质疑，好评大减。他怀疑该研究所揭示的变化是"人为的统计结果（statistical artifact）"，它是特定的数据收集方式所带来的。这一怀疑也为其后的研究所证实。原来，2004年进行的调查改变了提问顺序，影响了对问题的回答；而

第二章 孤独

2010年翻转提问顺序重新提问后发现，美国人"在重要事宜上"无人倾诉的比例反倒比1985年更低。费舍尔在其撰写的《仍有联系：自1970年以来的美国家庭和朋友》(*Still Connected: Family and Friends in America Since 1970*)一书中着大量笔墨证明，自1970年以来，美国的社会联系虽然发生了形势转变，但其数量和质量一直保持稳定。

至于历史，在1800年之前，孤独的痛苦也并非不为人知。倘若追溯的并非"loneliness"一词的词源，而是对朋友的一种迫切需求，那么我们在亚里士多德那里就能看到，"没有人愿意过缺少朋友的生活"，而苏格兰哲学家大卫·休谟（David Hume）在18世纪中期的作品中所说的更为抒情：

> 完全独处，或许正是我们所能遭受的最大惩罚……任由所有自然力量和元素共同臣服于一人，任由日出日落听令于他，任由大海江河随他翻涌，任由大地自发孕育他所悦纳的万物并为他所用，他仍会痛苦不堪，除非你至少给他一个人，可以和他分享幸福，使他享受这个

对别人的尊重和友谊。

就连"那内省的心灵之眼／是孤独的乐园"这般的浪漫幻想也并未随华兹华斯一并消逝,而是在诗人赖内·马利亚·里尔克(Rainer Maria Rilke)的笔下依旧鲜活。在1929年的《给青年诗人的信》(*Letters to a Young Poet*)中,他规劝收信人"爱上孤独,吟唱悦耳的哀歌来承受它所带来的痛苦"。[奥登(W. H. Auden)曾在《新年书简》(*New Year Letter*)一诗中,称里尔克为"孤独寂寞的圣诞老人(Santa Claus of loneliness)"。] 精神病学家安东尼·斯托尔(Anthony Storr)也在其1988年的《孤独:回归自我》(*Solitude: A Return to the Self*)一书中,赞赏了独处所具有的生成性力量。

孤独和"占有性个人主义"这种原子化消费的意识形态之间的关系是颠倒了的。个人主义、崛起的市场经济和亲密无间的友谊之间确实有所关联,但这种诞生于过去的关联与人们如今的普遍认知相悖。在《人生的目的:现代早期英格兰的自我实现》(*The Ends of Life: Roads to Fulfillment in Early Modern England*)一书中,

第二章 孤独

牛津大学历史学家基思·托马斯（Keith Thomas）剖析了现代早期英格兰的友谊，将朋友分为亲属、战略盟友和互助人脉。"在上述情况之下，"他写道，"朋友之所以备受重视，是因为他们有利用价值，而并不一定是出于好感。"正是市场促进了经济生活和个人生活的分离，才使得私人友谊才有了发展空间，也更不易受社会需求支配。极力拥护快乐而非功利的苏格兰启蒙思想家中，便有休谟的好友亚当·斯密（Adam Smith）。他所撰写的《国富论》(*The Wealth of Nations*)，被奉为工业资本主义的圣经。市场的"看不见的手"是出于友好而给出的。

上述论述都没能避免随后的几百年间个人主义和亲密关系之间存在着敌对关系。或许，我们如今更为孤独了。然而，一个负责对孤独史的讲述者必须承认，还有另一个面向的改变。试想，纵观20世纪中期，背负家务劳动重担的工人阶级妇女又有多少时间用于发展友谊，身负同性恋污名的人又因此感到多么孤独呢。相对而言，这两类人群如今都更为自由了，也没从前那般孤独了。再者，近期的发展态势仍捉摸不定：社交媒体虽然改变了我们的互动方式，但要说它损害了我们与他人建立联系的能力，未免为时过早。

因此，疫情期间，有关孤独感剧增的证据缺乏说服力，而如今这已成为不争的事实了。即便孤独问题并不猖獗，也绝非小事。社会学家已将孤独对身体的影响量化，结果令人担忧。在与威廉·帕特里克（William Patrick）合写的文章中，心理学家约翰·卡乔波（John Cacioppo）简明扼要地总结道："社交孤立对健康的危害，和肥胖、吸烟、高血压、缺乏锻炼等对健康的危害相当。长期的孤独感会引发一连串的生理反应，确实会加速衰老进程。"此类危害似乎取决于孤独的主观体验，而不像饮食不良、缺乏锻炼和过度饮酒那样取决于其"伴发疾病"（comorbid）。孤独会引发生理应激反应，即与"战逃反应（fight-or-flight）"相关联的炎症，进而导致身体素质下降。20世纪70年代，一项为期九年的研究发现，社会纽带少的人，其死亡概率是社会纽带多的人的两到三倍。

站在公共政策的角度，了解这些事实尤为重要。不过这些事实针对的是独处的副作用，而非孤独本身的危害。就算服下一粒能治疗孤独对健康的影响的药丸，我

第二章 孤独

猜，你对陪伴的渴望仍旧在。我们应当转而去看与世隔绝的感觉是怎样的。功能性磁共振成像显示，社交排斥所激活的脑区，正是控制身体疼痛的脑区。但如果我们所知的仅仅是孤独会伤害身体的话，我们就并没有理解孤独对我们来说为什么是坏的。它为什么会伤害身体？为什么会伤人？它所带来的痛苦会告诉我们怎样一些生活的道理？

即便不乏孤独的哲学家，也很少有人就孤独这一话题展开详尽的论述，孤独在他们的作品当中只是隐约可见。可以说，自笛卡尔以来的近代哲学史，稍加拣选，就是一部反对唯我论的斗争史。唯我论即认为除自我外，无物存在，所有人终归是孤独的。1639年，笛卡尔在一间火炉房中沉思，怀疑他能怀疑的一切——包括其他人的存在——以便在坚实的基础上重建自己的世界。他的沉思始于孤独的自我："我思故我在。"不过笛卡尔进一步证明了上帝的存在，至少他本人对这个论证表示满意。既然上帝不会蒙骗我们，我们便可以相信自己对外部世界，包括对其他人的"清楚及判然的感知（clear and distinct perceptions）"。

人生维艰

问题在于，笛卡尔的证明难以令人信服。我们都深谙自己并不孤单，而这并非因为证实了上帝存在。后续的哲学家回到"我思故我在"这个命题，认为即便笛卡尔孤零零地待在那个房间，也要依赖他人。德国哲学家格奥尔格·威廉·弗里德里希·黑格尔（Georg Wilhelm Friedrich Hegel）曾在 19 世纪早期写道，"我们只有通过相互承认才能产生完全的自我意识：有'你'才有'我'"。让－保罗·萨特（Jean-Paul Sartre）也说过，"每当谈到'我思'时，每个人都是在他人的存在中寻得自我的，因此我们对他人存在的肯定，正如对自我存在的肯定一样"。还有路德维希·维特根斯坦（有人认为他是 20 世纪最伟大的哲学家），他在后期的代表作《哲学研究》（*Philosophical Investigations*）中指出不存在"私人语言（private language）"：思考和交谈只能在社会实践或"语言游戏（language game）"中进行。无可渗透的孤单是不可能的。

如果上述哲学家所言属实，那么就在形而上学的意义上需要他人。人的主体性无法自我维系，作为有自我意识的人，除非与他人建立联系，否则我们的存在不会

第二章 孤独

完整。这个观点虽不乏深刻性，但实际上并未说明孤独的危害。一个颇具诱惑力的论证是这样的：既然自我意识具有价值，那么它所依赖的一切都将保有这份价值；而如果我们只有通过与他人建立联系才能具备自我意识，那么联系本身同样具有价值，这就是为什么孤独有害。不过这个推理存在漏洞。美好事物所必需的东西不一定与它共享价值，就好比隐藏在一幅美丽油画的颜料下的画布，并不会与油画同样美丽。1923 至 1924 年，艺术家格温·约翰（Gwen John）创作出一幅《康复者》（*The Convalescent*），如今收藏于剑桥大学的菲茨威廉博物馆（Fitzwilliam Museum）。画上，些许剥落的油彩描绘了一位身着蓝色连衣裙的女人正安静地坐着，专心阅读。我为之动容。然而尽管这幅肖像脱离了帆布无法存在，画后延展开的这块画布并不会令人感动。让美好事物成立的必要条件——美丽油画的画布，自我意识的社会性条件——并不必然具有它们所维系的价值。

孤独之所以于人有害，不是因为它破坏了我们的自我意识，而是因为人是社会动物，而社会又并非与生俱来。孤独的危害源于人之本性，而非自我的抽象本性。

人生维艰

我孤单的童年并不孤独，不过那也并非真正意义上的孤单：我自始至终都生长在一个家庭中。可一到青春期，我便远离家人，步入孤独。向来独来独往的我基本没怎么交过朋友，也根本不知道如何与人亲近，如何处理友谊的跌宕起伏，如何用逃避以外的方式应对人际交往的摩擦。有种距离感——一种身处边缘的感受——自高中起便一直围绕着我，直至大学。一对一的交流仍然让我备感压力，反而在群体对话中，我更为自在，说话的压力也更小。和许多人一样，我有种被排除在外的感觉，被排除在某种更广阔、更平滑的社交联系的织物以外，而其他人都可以被囊括其中。我虽然不相信这种感觉，但是我接受了它。人总在社会需求中反复挣扎。

亚里士多德则进一步声称"人依据自然是政治动物（political animal）"。而所谓"政治"，并不仅是和家人或朋友一同在社会中生活，还指归属于某个城邦（polis）。基于这一阐释，我不大确定人类是否依据自然是政治动物，但我们一定是社会动物。从家族到部落，再到国家，人类一直生活在社会群体中。我们独特的社会性——独特，即不同于类人猿和早期原始人类的社会性——建立

第二章 孤独

在共同注意（joint attention）和"集体意向性（collective intentionality）"的能力之上，而正是这两者让我们设想自己是同一物种的不同成员。人类进化的历程，即发展这些能力的历程，是脆弱的彼此相互依赖的故事。

我们对于社会的需求是深层次的，这在某些极端情况下愈发明显。例如，缺乏关爱的婴儿会遭受长久的心理创伤。心理学家约翰·鲍比（John Bowlby）于20世纪60年代提出了"依恋理论（attachment theory）"，他的灵感源自对恒河猴（rhesus monkey）的相关研究。这些研究发现，相比于由铁丝制成的"替代母猴"，幼猴更偏爱由柔软布料制成的"替代母猴"，即使是前者给幼猴供奶，可见慰藉比食物更为重要。而且一出生便被隔离、与其他猴子没有任何身体接触的幼猴在重回群体后会出现异常行为，它们时而惊恐，时而充满攻击性，不停地在两者间摇摆。鲍比在二战后欧洲流离失所的孩童身上发现了类似的行为，而20世纪80年代，在尼古拉·齐奥塞斯库（Nicolae Ceauşescu）领导下的罗马尼亚，一批孤儿在集体抚养时的行为也是如此。基于上述发现，鲍比的学生玛丽·爱因斯沃斯（Mary Ainsworth）于20世纪70

年代发展出了名为亲子"依恋类型（attachment styles）"的系统理论。虽然其中很多细节仍有待商榷，但是毋庸置疑的一点是，早期依恋对于人的身心健康具有持续的影响。

另一个极端的例子是单独监禁（solitary confinement），即将罪犯囚禁于"密闭牢房中，每天22至24小时，几乎断绝与外界的一切来往"。19世纪初，单独监禁就被视作美国监狱囚犯赎罪的一个途径。可这并非救赎，正如亚历克西·德·托克维尔（Alexis de Tocqueville）和古斯塔夫·德·博蒙（Gustave de Beaumont）于1833年所写，服刑囚犯是"受到完全隔绝的监禁；而无论是否终止，彻底的独处本身已超出人类承受范围，无间断地、毫无怜悯地将囚犯一步步摧毁。这不是要他们改过自新，而是要他们的命"。根据美国公民自由联盟（American Civil Liberties Union）2014年的一份报告，"单独隔离造成的临床影响与身体上的折磨类似，包括知觉歪曲、产生幻觉……严重的慢性抑郁……体重下降，心悸，孤僻，情感迟钝及冷淡……头痛，一系列睡眠问题……晕眩，自残"。即便如此，单独监禁仍被美国许多监狱所采用，时

第二章 孤独

长或可达数月甚至数年,甚至部分学校也采用此措施。

极端情况就是这样极端。不过它们同样能够说明那些表现在更加日常的困境中的人际交往需求:我的失联之感;疫情的无情与迷乱,尤其对于独自生活之人;排斥、抑郁和孤僻。人类生活围绕社会展开,因此孤独于人有害。

这也并不是说与人做伴总是好事:人越多,越快乐。我们也需要独处。18世纪末,哲学家伊曼努尔·康德(Immanuel Kant)恰如其分地写道:"人类具备一种不善社交的社会性(unsociable sociability)即一边有意融入社会,一边却又完全对其抵制,企图从社会中分裂出来。"康德认为,我们需要他人,却也需要个人空间,不愿遭人统治或征服。这种双重倾向"存在于人性当中"。众所周知,康德本人过着一种尤为严苛的单身汉的生活,但是他举办的晚宴又语笑喧阗,家喻户晓。

人类是社会动物,这解释了为什么我们对于陪伴的渴望不同于抄写员巴特尔比那些毫无意义的偏好:我们有充分的理由与他人相处,而我们的社会需求不同,也都需要时间独处,这解释了为什么多元的社交模式合乎情理，有些人表现得比另一些人更为合群。法国诗人、小说家维克多·雨果（Victor Hugo）曾说，"整个地狱都被一个词囊括在内：孤独"，然而萨特——或者说，他笔下的一个人物——却认为，"他人即地狱"。在社会需求的问题上最为极端的当推隐修士或隐居者，但20世纪特拉普派（Trappist）修道士托马斯·默顿（Thomas Merton）的观点仍值得注意。他曾写过自己"风潇雨晦"的独居生活："独居生活的本质正是一种近乎无尽的审判所带来的极度痛苦。"在社会性程度的连续谱中，我们中的大多数人都处于中间某处。

通过找准孤独在人生中的位置，我们便能理解何谓孤独。我们都是具有社会需求的社会动物，一旦需求无法满足，便会遭受苦难。这种苦难即名为"孤独"。但是我们仍须弄清楚它的危害何在。诉诸人性，抑或援引未得到满足的社会需求，都是从外部去理解孤独的痛苦，而我们需要从内部把握孤独。是什么让孤独如此苦涩？又是什么让孤独如此艰难？或许借助现象学，我们能够捕捉生活经验的内容：身感孤独即感知到缺乏或空虚、自身存在空洞；觉得疏远、渺小，或完全消失。但我们可以

第二章 孤独

更进一步地问，孤独的人缺少什么。答案基本上就是：朋友。为了更好地理解孤独的害处以及如何疗愈孤独，我们需要理解友爱的益处。

我们不会总追溯亚里士多德的观点，但谈及友爱时这很有必要，毕竟在西方哲学史中他是友爱问题上的伟大理论家。在其所著的《尼各马可伦理学》十卷书中，有两卷谈 philia，该词通常被译为"友爱（friendship）"。除了论证友爱的最佳形式以及其在生活中的地位之外，亚里士多德还给出了实用的建议，用于应对不对等的友爱——你爱他胜过他爱你时该做些什么——以及平衡相冲突的义务，如当你被迫在两个朋友之间做出选择时该怎么做。以西塞罗（Cicero）为代表的希腊化思想家保留了亚里士多德的智慧，他于公元前 44 年撰写了一本讨论友爱的书，该书在很大程度上是亚里士多德观点的重述，至今仍是哲学探讨"何为朋友"问题时的检验标准。检验何谓朋友的标准。

亚里士多德对于 philia 的某些方面有非常正确且深刻的见解。他承认各种形式的友 philia——实用的友 philia、快乐的友 philia 和德性的友谊——并且认为家庭关系也是友 philia 的一种。我们现代人总是泾渭分明，区分直系亲属与旁系亲属，也区分浪漫伴侣与单纯的朋友，甚至划分出"存在性关系的朋友（friends with benefits）"，而亚里士多德的观点更包容，也更发人深省：作为社会动物，生活中最重要的是与家人之间的关系，它同浪漫关系一样能驱赶孤独。我所谈及的"友 philia"，包括浪漫和关系亲密的家庭成员。奈何英文中没有词能恰如其分地表达这层含义，"philia"过于宽泛，因为它包含一种纯粹的实用关系："投桃报李"。而我们的主题不仅是人与人之间的关系，也不仅是对有利用价值的陌生人的态度，而是爱的重要意义。

亚里士多德口中的友爱典范建立在伦理德性的基础之上，是勇敢、公正、节制、慷慨之人的友爱。他认为，因为品格而被爱，就是因你的本质——那种使你成为你的东西——而被爱。因为爱和欲望的目的是善，所以唯独有德性之人才能真正因他们自身而被爱。真正的友爱如真正的德性一般罕见。在《伊利亚特》（*The Iliad*）中，阿喀琉斯（Achilles）和帕特洛克罗斯（Patroclus）便是男性情谊的典范，他们如真正的朋友般相爱，而我与你

第二章 孤独

们可能就没那么幸运了。

好在事实并非如此。友爱也许很难获得，但绝非亚里士多德所想的那般简单。我们即便不是英雄，不是行为高尚的政治家，彼此也能成为朋友。我印象中的朋友，会一起举杯痛饮、互开玩笑、号啕大哭、分享故事、观看电影、玩游戏、烹饪食物。在这中间，有些朋友我会认为是"有德性的"抑或令人钦佩，其余则不然。你可以想象他们是不同的人，做着不同的事。我们在心里默默协商着交友的各项条件，反复磨合以适应不同人的文化背景。毋庸置疑，同恶人交友存在障碍：你如果会突然之间不把我当朋友，并将我洗劫一空，那么我便无法确定我们彼此是不是真正的朋友。不过，显著的德性也不是交友所必需的。

了解亚里士多德在哪里走入了误区，能够揭示关于对家人和朋友的爱的深刻道理。他的错误在于把友爱看作优绩式（meritocratic）的：在他看来，友爱以德性为前提。"如果一个人认为另一个人是好人，结果最后那个人变坏了且众目昭彰，"亚里士多德问道，"这个人仍必须爱他吗？明显不应该，因为我们不能爱所有事物，只能爱好的事物。"在他眼中，朋友在某种程度上是容易失去的。一旦你丧失了使得你和他人成为朋友的品格，他们就应当抛弃你，不再爱你。可事实正完全相反。我并不是说友谊必须无条件，而是说友谊可以无条件。我曾交过一些朋友，其中有些最终彻底变了，以至于我不再喜欢他们，不过我仍然关心他们。如果我有些朋友变成了浑蛋，那么救赎他们就远比救赎任何一个陌生的傻瓜重要。我猜各位的想法也都大同小异。

亚里士多德的疏漏可追溯到他最初的论点，即因某人自身而爱他，就是因其品格而爱他。可惜这不是事实。人不等同于人的品格，后者是怪癖同性格、德性与恶性的集合，而即便品格丧失，人仍会存在。你是一个特殊而具体的人，不被你所具备的特征所定义。因此，爱一个人本身并非爱使他成其为他的品质，看重一个朋友也与崇拜一个人不同。事实正相反。爱一个人本身恰恰不是爱他任何招人喜欢的特质，而看重一个朋友也就意味着无论他有何缺点都会看重他。

哲学家有时会说，爱一个人就是看到他们最好的一面，这也就是所谓的"认知偏倚（epistemic partiality）"。

第二章　孤独

我虽然也不愿以偏概全，但确实没有亲身经历过这种情况。父母有时会毫不留情地批评孩子，无论这是否为了让孩子展现最好的一面，但这并不与他们宣称自己爱孩子冲突。同样，孩子也在批评自己的父母的同时爱着他们。这种情况并不局限于父母和子女之间的爱。没人会比我的妻子更了解我的缺点何在，而我对她的缺点也了如指掌，但这并不妨碍我们彼此相爱。

以上的论述都有助于找准友谊的价值，反之也就明晰了孤独的危害。友谊会带来各种回报，也给很多事情带来了意义和乐趣，但我认为它的价值最终源于人们之为朋友的无条件的价值。试从人生当中挑选一段重要的友谊：它之所以最终变得如此重要，是因为你朋友本人重要，以及你本人重要。真正的朋友珍视的是对方本人，而不仅仅是连接彼此的那份友谊。

这般对比虽略显微妙，但能在友谊日常的磕磕绊绊和相互埋怨中显露无遗。当我去医院探望你的时候，我这么做是为了这份友谊，还是为了你本人，二者存在区别。如果探望仅是出于维系友谊，抑或友谊要求这样做，而不是直接出于对你的爱意，想必你会为此受伤。正如哲学家迈克尔·斯托克（Michael Stocker）所言，"关心友谊与关心朋友有别"。每当友谊需要浇灌——无论是尝试建立友谊，还是挽救淡去的友谊——抑或我们不愿履行身为朋友的义务时，我们更倾向于关注友谊本身的价值，而如果友谊进展顺利，我们便能"透过"友谊看到朋友本人。

以这种方式思考友谊不禁让人进一步思考人生的价值所在。启蒙哲学（Enlightenment philosophy）的一个典型洞见是，人因其自身而重要，无关其优绩（merit）。康德将这种无条件的价值称为"尊严（dignity）"，它与"价格（price）"相对。"事物一旦明码标价，便能用其等价物（equivalent）替代，"他写道，"而高出任何价格、根本没有等价物可替代的事物，便有尊严。"让爱情歌颂、让孤独遮蔽的，正是我们的尊严——渴求得到尊重。

如此一来，友谊便与道德难解难分了。亚里士多德误认为真正的友谊是欣赏彼此的德性，而实则友谊是对人的尊严的相互承认。因此，哲学家大卫·韦勒曼（David Velleman）将爱——家人、朋友、热恋情侣之间的爱——统称为"道德情感（moral emotion）"。并不是说有爱的

第二章 孤独

友谊就是一纸相互尊重的契约,也不是说爱和尊重各自暗含了彼此。没有爱也能有尊重,亲近也能滋生蔑视。但是爱和尊重所承认的是相同的价值。正如韦勒曼所说,一个人的价值无可替代,尊重是对人类价值的"必要的最低限度(required minimum)"回应,而爱是对其"可选"而恰当的回应。

因此,真正的友谊并不是优绩式(meritocracy)的。虽然一个人所具备的才能和德性,以及共同追求,有助于巩固友谊,但是朋友能透过这些特质的价值洞察朋友自身的价值。归根结底,友谊之所以重要是因为朋友本人重要——如其他任何一个人一样重要。这便解释了为什么出于友谊,而非出于对朋友的关心去医院探望朋友就是错的。

最后,这也解释了孤独为何如此伤人。有种孤独便是同朋友分离,以及怀念同他们在一起的日子。天各一方时,我们无法让朋友确信他们在我们的心中依旧重要,反之亦然。因此,由自身内的某种空缺导致的空虚感,曾经被朋友填满,但如今则隐隐发作。除此之外,还有另一种形式上更彻底的孤独,也就是根本没有朋友。这种情况下，我们无法实现自身价值，即便他人报以带有距离感的尊重，我们作为人类存在的价值也未获注意、未受赏识。所以说，现实是残酷的，一个人没有朋友，便会日渐蒸发，直至彻底从人类世界隐没。我们为爱而生，也因无爱而陷入绝境。

再一次看看有助于我们理解的极端情况吧。法乌·莫里马克（Five Mualimm-ak）曾因贩卖毒品入狱，虽然后来对其的指控大部分被撤销，但是他在美国被单独监禁了两千多天，如今他极力主张推翻大规模监禁（mass incarceration）。他如是写下自己的亲身经历："生活的本质在于与人来往以及随之而来的对于彼此存在的肯定。与人断绝来往，便会失去自我认同，变得什么都不是……连自己都看不见自己了。"我们需要通过爱肯定彼此的存在。

诚然，对孤独危害的剖析是一方面，提出疗愈的方法是另一方面，而对于如何治疗，我们很难作答，部分原因在于孤独能自行滋生：孤独引发恐惧，而恐惧加剧孤独。不过，经哲学预测、社会科学证实，确有一条解决之道能逃离孤独。我们这就来从下文的小说、回忆录与

第二章 孤独

自传中一探究竟。

村上春树（Haruki Murakami）的小说《没有色彩的多崎作和他的巡礼之年》(*Colorless Tsukuru Tazaki and His Years of Pilgrimage*）以卡夫卡（Kafka）的笔调开篇。大学二年级时，多崎作（Tsukuru Tazaki）历经了六个月的极度绝望："他一生仿佛都在梦游，像是已经死了，却又没意识到死亡。"

死亡对多崎作造成的影响如此之大的原因非常清楚。某天，他认识了很长时间的四位最为亲密的朋友告诉他，他们再也不想见到他了，再也不想同他说话了……这个消息太残酷了，没有解释，一个字都没有。他也不敢问。

而当多崎作鼓起勇气去恳求解释时，得到的回答只有一句："自己想想，就能明白。"可他根本想不出任何可能的理由，如同卡夫卡笔下那位因为莫名其妙的罪名而遭到审判的主人公约瑟夫·K（Josef K.）一样。他围绕着四位朋友的名字想了很久，也得出了莫名其妙的解释，即他们四位的名字各代表一种颜色，而多崎作的名字意为"创造"：只有他是无色的。没有朋友的他，一生漂泊，偶尔约会，沉浸在自己铁路工程师的职业当中。

这本小说中间情节的转折处最为有趣：随着女性朋友沙罗（Sara）鼓励多崎作寻找过去的真相，本书的风格也发生了转变。开头是关于人与人之间无法相互理解的寓言，让人摸不着头脑，结尾却变成了卖弄博学的肥皂剧。多崎作了解到了朋友背叛的真相，他坦然接受了。他还向自己、向沙罗承认，他已坠入爱河。随前后风格的冲突而来的，是疑惧不安的元素——沙罗隐秘地暗示道"有事情需要处理"，我们无从得知是什么事，可她紧接着不见踪影——混杂着略显荒谬和丧气的文字："'你心里还有其他事，'她说道，'你无法接受的事。你本该自然流露的情感也被掩盖了。你让我有这样的感觉。'"

村上春树的这本小说追踪描写了循环往复的孤独——他人的排斥将信任和自信瓦解——以及逃离孤独所需的根本性转变，正如书行进到一半转变风格一样。孤独之际，恐惧会油然而生：害怕走出困住笛卡无论做什么都时刻警惕被人发现的那间孤独的火炉房，无论做什么都时刻警惕被人发现。艾米丽·怀特（Emily White）

第二章 孤独

曾写过一本有关长期性孤独的回忆录,其中便描述了这种内心活动:"我会告诉自己,我需要社交,社交会来的,我会对人际交往感压力,为了缓解压力,我会花更多时间独处。"成功逃离孤独需要从不同角度看待世界,不能同卡夫卡那般将其视为危险重重、隐藏邪恶秘密之地,而应看作充满熟悉故事的王国。这些故事有喜有忧,也不乏陈词滥调,讲述着人与人之间的交往关系。

对孤独的社会科学研究证实了它自我滋生的特性。正如约翰·卡乔波所言,孤独之人更留意社交暗示——对威胁的警觉性很强——但在解读这些暗示时也更不可靠。他们会表现得缺乏同理心,不容易信任他人,对他人的感觉也更为消极。他们倾向于自我批评,将社交失败归咎于自身,而非社交环境,尽管研究表明,长期性孤独与缺乏社交技能无关。

不寻求他人的帮助很难逃离孤独,这就是孤独所处的两难窘境。没有人能在一夜之间彻底改变:缓解孤独引起的社交焦虑需要花费精力。所以说,孤独不仅是个人问题,还是社会问题。同抑郁症一样,我们需要给孤独去污名化,资助致力于治疗孤独的心理医疗服务。回忆录结尾,艾米丽·怀特记录道:"荷兰心理学家南·史蒂文斯(Nan Stevens)已经开发了一套孤独减少(loneliness-reduction)项目,证实能降低一半的孤独率。"

史蒂文斯的项目采用每周团体课程的形式,授课时长为三个月。该项目在社会工作人员或同伴领导的带领下,鼓励参与者完成一些简单的事情,比如评估对友谊的需求和期望,绘制现有人际关系的图谱,从而找出能发展友谊的潜在对象……该项目实质上形同一个刹车装置,阻止孤独可能引发的社交退缩。

但是非常遗憾,类似的项目少之又少,而且大多并未得到充分资助。

在社会服务欠充分的情况之下,我们该何去何从?心理学家提供的缓解孤独建议与我所描绘的爱与友谊的图景不谋而合。用卡乔波的话说:

对于那些深受孤独折磨的人而言,最大的观念障碍在于:尽管当下的处境让他们自觉内心深处——一种亟须

第二章 孤独

喂养的饥饿,但是这种"饥饿"永远无法通过专注于"进食"来满足。真正需要做的,是走出自身的痛苦处境,且时间长到能够去"喂养"他人。

逃离孤独的方法原来是满足他人所需,这个结论颇具反讽意味。关键在于关心他人,而不是关心他们与你之间的联系:关心一位潜在的朋友,而非一段潜在的友谊。

此外,尊重与爱之间存在连续性:从肯定某人重要,到产生共情,最终成为朋友。所以卡乔波所言甚是,"从小事做起……尝试在杂货店或图书馆进行简单的交流……不妨说一句'今天天气真好'或者'我喜欢这本书',会有人友好地回复你的……你发送出社交信号,也会有人回复你的信号"。诸如此类的交往认可了他人存在的现实。虽然这类交流同孤独时所渴望的深层联系相去甚远,但是二者的差别仅在于程度或维度,而非种类。尊重、同情还有爱都是确认某人重要的不同方式,是在同一个调上的不同旋律。

所以,艾米丽·怀特在施食处做志愿工作时,从长期性孤独中得到了解脱，就并非偶然了：同情和道德愤慨（moral outrage）能让人与他人建立联系。她后来还加入了一个女子篮球联盟，在球员的恐吓之下支付了一笔不可退还的费用，"最终打消了她的焦虑，因为她天性不愿浪费钱"。怀特坚持了下来，从小事做起，从队友而非朋友做起。她还同其中一名队友深入发展了关系，终于水到渠成——中间也有几段波折——两人终成眷属。

即便最终没有成为朋友，关注他人——肯定他们而非我们自己的生命价值——也能让孤独少些残酷。2014年，在芝加哥的一项针对通勤者的研究中，参与者需要在公共汽车或火车上同陌生人接触，了解一件有关对方的有趣的事，并同对方分享一件有关自己的事。虽然起初存有疑虑，但是事后报告显示他们感觉自己更快乐了。或者由我现身说法：在疫情期间开通播客助我摆脱了孤独。访客们有些是老朋友或者老师，有的是泛泛之交，还有的未曾谋面。开通播客的初衷并非为了建立新的人际关系，而是为了向哲学家提出一系列有关自身的私人问题，从无礼的"您真的相信自己的哲学观点吗？"到略显冒昧的"您会害怕什么？"。采访内容从哲学争论转向

第二章 孤独

了私人经历，有时也会将二者联系起来。有位哲学家曾谈到自己从小患有斜视（strabismus），因为眼睛不能正常对齐，所以无法用眼神交流。问到童年的孤独时，他从一生面临的社会挑战一路讲述到了自己在道德哲学领域的工作，即以互惠（reciprocity）作为伦理核心。那次访谈很是特殊，但每个哲学家都有各自的特点，我乐于与他们每一个交流。一个人的个性，还有特点鲜明的处世方式，在短短25分钟内便能显露无疑，太令人吃惊了。心无旁骛地听上半小时，再做半小时的剪辑后，我数天内都不会觉得那么孤独。

可能播客的形式可能显得有些刻意人为，但是部分提前写好台词的对话能够有效缓解社交焦虑，并且有越来越多的证据表明，学会倾听是建立良好关系的不二法门。听，真正的倾听，是项艰苦的工作。哲学家弗兰克·拉姆齐（Frank Ramsey）曾戏谑道："我们基本意识不到自己的对话经常是以下形式：甲：'我下午去了格兰切斯特（Grantchester）。'乙说：'我没去。'"心理学家和心理治疗师已证明，结构化的对话——指提出令人惊讶的问题并注意对方的回答——有助于同生人和熟人建立亲密关系。

我们通常认为,交朋友必须把相互欣赏或者共同爱好放在首位,这其实与亚里士多德的优绩论（meritocracy）遥相呼应。如果我们欣赏他人,同他人拥有同一目标,那么成为朋友会简单许多。但是仅仅一个关心的举动有时也能成为一段友谊的开始。我们先彼此认可,然后再找事情去做。倾听本身可能便足以建立联系,而学会倾听需要勇气和韧性,毕竟从友好的问候发展为亲密的友谊,还有漫长艰苦的路要走。这条路可由志愿活动、晚间课程和业余运动铺就,也可由提出邀请、忍受沉默——当你暴露了让人害怕或心生羞赧的需求时——铺就。克服孤独,也就是向别人敞开心扉,敞开自己内心深处的伤口。

纵使上述策略奏效,仍有一些孤独难以排遣。单方面看,形式上最为彻底的孤独即是从未交过一个朋友的孤独。但这种情况是可以改变的,不能改变的是失去造成的孤独。新交的朋友也无法替代死去或者永远疏远了的朋友。赠予一个新家庭也无法弥补约伯的丧子之痛。如果哲学要谈论爱,那么必然也要谈论悲。

第三章
悲 伤

2012年8月，在确诊为乳腺癌后的第五天，美国喜剧演员泰格·诺塔洛（Tig Notaro）仍坚持表演了一场脱口秀，谈到了自己的母亲于四个月前不幸离世。在洛杉矶（Los Angeles）的拉戈剧院（Largo），她将母亲离世后的经历这样讲述给台下听众，惹得人们在心惊之余依然捧腹大笑：

我妈妈去世了……那我应该离开这吗？……我简直不能相信你们反应这么沉重。你们都不认识她。我还好吧……我当时正查看邮件呢，医院给我妈妈发了个问卷，想看看她住院的情况如何……额……不好……情况不乐观……算了我来问问她吧……问题一……住院期间，医护人员的解释您能否理解？……考虑到您脑子已经停止活动了。

听众混乱的情感在剧院回荡，仿佛折射进入另一种介质，附和着同样混乱而喧嚣的悲伤。

悲伤并不是一种结构单一的情感。悲伤的人会难过，这是自然的，但也会愤怒、愧疚、害怕，时而如释重负，时而如临深渊。愤怒也许无缘无故，愧疚也许莫名其妙，害怕也许不切实际，针对过去而非未来。母亲去世六个月后，评论家罗兰·巴特（Roland Barthes）在《哀悼日记》（*Mourning Diary*）中写道，"我正在为已成定局的事情饱受恐惧和煎熬"。还有人——同泰格·诺塔洛一样——在悲剧过后插科打诨。悲伤不是静态的，它会在不同时间、在不同的情感中显现出来。悲伤对于我们来说，如果并非着意如此——好比我们着意举行哀悼仪式——它就像是身体受创时留下了疤痕一样。

接下来我们将谈到，悲伤至少有三种类型：标志一段关系破裂的"关系性悲伤（relational grief）"，因逝者遭受的伤害而产生的悲伤，以及单纯因生命的流逝而产生

第三章　悲伤

的悲伤。三者可能相互作用，也可能同时产生，但不尽相同。以不同的方式给人以伤痛，也用不同的表达来诠释爱。

悲伤本身的流动性（fluidity）和复调性（polyphony）加大了讨论难度，仅凭一人的经历得出的结论也有以偏概全之嫌。令我印象较深的是琼·狄迪恩（Joan Didion）的经典回忆录《奇想之年》（*The Year of Magical Thinking*），其中记录了她在丈夫离世后的迷惘。书的结尾，狄迪恩这般写道，似乎是写给每一个人的：

> 原来直到亲临之前，无人知道悲伤是个什么地方……我们也许会想，死亡来得如此突然，我们会觉得很震惊。我们不会想到这份吃惊有多么毁天灭地，让身心乱成一团……在我们的想象中，悲伤会受到疗愈。生活终将会继续，最糟糕的日子终将过去。……我们无从知道随之而来的是（真正的悲伤与想象中的悲伤的区别正在于此）无尽的孤寂、怅惘和意义的虚空，也无从知道在冷酷的时光流逝中我们遇到的一切都将变得毫无意义。

人生维艰

这段文字的力量部分地建立在代替我们发言的基础之上,她在诠释悲伤时是以我们的口吻说话的,但是她所说的也许并不能反映我们自己对于悲伤的理解。就我本人而言,每每想到奄奄一息的妻子,我根本无法想象自己该如何继续生活,我已预料到了将会来临的空虚感。(坏消息:我的焦虑很具前瞻性。一项基于老年人的纵向研究表明,"事实上,那些在早先就表现出情感依赖的人会遭受复杂的悲伤反应"。)

你或许能看出来,我不愿写悲伤这一话题,不愿预测别人的悲伤,抑或给别人的悲伤对症下药。我亲身经历过孤独,却未曾经历过强烈的悲伤。大多数人的悲伤经历都是从祖父母开始的,而我对爷爷奶奶却一无所知——连名字也不知道,更不记得他们什么时候去世、怎么去世的。外公在我出生时便逝世了,只剩下外婆一人,她还得了痴呆(dementia)。我几乎不记得她了,父母也没让我参加她的葬礼——我认为这是错误的决定。而让我离悲伤最近的,是亲眼看着母亲陷入阿尔茨海默病的黑暗之中,所幸她仍在世。

为了进一步了解悲伤,我求助于社会科学。过去

第三章 悲伤

三十年间,心理学家在理解悲伤方面取得了实质性进展。其中就有弗洛伊德(Freud)提出的"悲伤辅导"(grief work),该辅导旨在与失落(loss)进行艰难却必要的斗争,但无证据表明它有效果。曾经约定俗成的对策"说出来就好了"极有可能存在适得其反的风险。研究通常表明,强迫他者在遭遇创伤性事件后立即"接受盘问(debrief)",会严重影响其身心健康,且该影响或可持续数年,不断加深情绪免疫系统本该加以抑制的痛苦回忆。再者,很多人认为悲伤往往被分为可以预测的五个阶段——否认(denial)、愤怒(anger)、协商(bargaining)、沮丧(depression)和接受(acceptance),这亦无证据支持。悲伤研究先驱乔治·A.博南诺(George A. Bonanno)认为,悲伤不分阶段,而是波浪式的:"丧亲之痛本质上是种应激反应(stress reaction)……同所有应激反应一样,它是个动态且不均匀的过程。汹涌澎湃的悲伤能把人压垮。实际上,悲伤之所以能令人忍受,仅仅是因为它来来回回地做着钟摆运动而已。"

因此,即便认为书写悲伤的那些最为可信的文字,也都是碎片的、非线性的、断续的情景记录。这并不足为奇。毕竟连罗兰·巴特的《哀悼日记》也都是在四分之一大小的打印纸上耗费数月才勉强写成的。法国作家安妮·埃尔诺（Annie Ernaux）记录母亲罹患阿尔茨海默病的日记中有一句话令我感动："匆匆忙忙，心乱如麻，来不及思考，来不及整理思绪。"不知怎的，本章的开题话也同悲伤一样，反反复复，难以捉摸。

在所有以文学形式书写悲伤的作者中，于 40 岁时自尽的英国实验小说家 B. S. 约翰逊（B. S. Johnson）也许做出了最为有意思的尝试。1969 年，在他去世的四年前，他出版了《不幸者》(*The Unfortunates*) 一书，这是一本装在盒子里的书：全书未经装订，分为二十七个小册子，除"首章"和"尾章"外，其余章节可按任何顺序阅读。叙述故事的人是一位记者，他受命前往一座城市报道一场足球比赛，他上次来到该城是七年前，为了拜访一位老朋友托尼（Tony），这位朋友后来因转移癌（metastatic cancer）去世。这次拜访勾起了一幕幕回忆，它们以随机顺序浮现在脑海，分散在当天发生的事情中。如果阅读顺序恰好，他将无法摆脱在连续几个章节中出现的一幅画面——托尼的嘴巴，"毫无气色，塌陷在四周若隐若

第三章 悲伤

现的骨头里"——或者以另一个顺序阅读的话,这张嘴巴便会在很久以后重新出现作为结束。在最长的章节中,叙述者煞费苦心地用五百词记叙了一场断断续续的足球比赛;而最短的两个章节分别是:他去参加托尼的葬礼,结果迟到了,以及得知托尼去世——这后一件事仅用了一个段落来叙述,占据了一页纸。这本盒中书仿佛在警示读者:悲伤不存在叙事顺序,也不会永远告一段落,它会周而复始,推倒重来。

既然悲伤如此复杂且难以用言语表达,我们又该如何看待它呢?西方哲学长期以来把悲伤视为一种病态,一个亟须解决的问题。但是悲伤并不是一个错误,哲学不该对其给予否定。

古希腊罗马的不同哲学派别之间——学园派（Academic）、伊壁鸠鲁学派（Epicurean）、怀疑派（Skeptical）和斯多葛学派（Stoic）——尽管多有分歧,但是也达成了一项共识:悲伤无益。生为奴隶的斯多葛学派哲学家爱比克泰德（Epictetus）给出了直截了当的解释:

对于每一件令你快乐、于你有益,或深得你心的事物，记得要反复告诉自己这是一个什么样的事物，就从最微不足道的事物做起。如果喜欢一个罐子，告诉自己"这只是一个罐子，我刚好喜欢罢了"。这样一来，即便罐子碎了，你也不会难过。如果亲吻妻子或孩子，告诉自己亲吻的也不过是一个人罢了，即便他们之中有人离世，你也不会难过。

能这么想自然是好的，只是这并不容易，就连爱比克泰德自己都很难做到。不过他相信，我们如果真正理解了何谓所爱之物皆易消亡，并且活在这一真理之中，就能用智识打败悲伤。"唉，我的好朋友去世了。""不然你还指望什么？你指望她长生不死吗？"虽然爱比克泰德这么问，但是你或许会指望她，或者希望她能再多活一年。我们不都会这么想吗？我们希望伴侣、家人和朋友再多活几年，这种想法都是常事。可一旦死亡让这份欲望挫败，我们便会感到受伤。

斯多葛学派诞生于公元前 4 世纪的古希腊，并在四百年后，以罗马统治阶级为非官方意识形态存在。无论是彼时还是当下，斯多葛学派之所以兴盛，主要是因

第三章 悲伤

为它给出了明智的建议以应对逆境。这超越了战胜悲伤的层面，进一步涉及了对完美幸福的承诺，这是自助的秘密所在。该学派认为，有两种方式可以让欲望免受挫败。第一，保持欲望不变，通过改变世界来满足欲望；第二，改变欲望，让其适应眼前的世界。如果第一条路行不通，那就仅剩第二条路可走了，毕竟世界是无法改变的——你希望妻子儿女好好活着，他们却终究会离你而去。在爱比克泰德所著的"《手册》(*Handbook*)"中，有一条老生常谈的斯多葛学派基本准则，即消除对于无法掌控之事的憎恨和欲望，关注自己能改变的事情并从无法改变的事情中抽离。爱比克泰德认为，如果你本身不愿自由，成为生活的奴隶也就不会毁掉你的生活。

这一结论是否让你忐忑不安？放心，忐忑不安的不止你一个人。1868年，重读完新版的爱比克泰德手册后，小说家亨利·詹姆斯（Henry James）非常担忧，难以想象爱比克泰德在奴隶制下仍坚持的宁静准则（maxim of serenity）在正值南北战争（Civil War）期间的美国南方会是怎样一番景象。因此，斯多葛学派的准则只是金玉其表，实则有悖常理。诚然，试图完成不可能的事情毫无意义，为无法掌控之事自责也实属不该。但若走得太远，因为无法改变而根本不在乎，无异于吃不到葡萄说葡萄酸——得不到便不想要。斯多葛学派的准则或许确实能减缓钝化我们的痛苦，但它是通过让我们远离真正有意义的事情来实现的。想想那些习惯于受压迫的人，就像囚犯和受家庭暴力的妻子一样不再期待惨遭剥夺的自由了。大多斯多葛学派人士会声称，此处的自由是一种"受偏爱的无关紧要之事（preferred indifferent）"：可以追求，但只能抱着超脱的态度追求。但这样的答复并无益处，因为对内心悲痛感到愤怒——妻子或儿女离世，并非不合情理。即便悲伤让人痛苦，痛苦也是美好生活的组成部分：它与爱不可分离。

事实上，在古今斯多亚学派的世界观之间横亘着一道鸿沟。古希腊时期的斯多亚学派对无法掌控之事漠不关心，这是源于宇宙由神掌管的想象：宇宙拥有自己的思想——"宙斯"（Zeus）正是它的名字——并且其能动性确保了看似糟糕的事情也都是最好的安排。换言之，古希腊时期的斯多葛学派基于神义论，而并非基于有关欲望的陈词滥调。如果你相信宙斯与你同在，我也便能理

第三章 悲伤

解你为何会心甘情愿接受事情无法掌控的事实。否则，把心态从想要什么调整到能得到什么似乎是更为任性的而非更为明智的。正如弗吉尼亚·伍尔芙所告诫的那样，"永远不要误认为自己得不到的东西便不值得拥有"。

如果哲学真能予人安慰，那么它教给我们的不是如何抹去悲伤，而是应以何种方式悲伤。悲伤自有原因：各种形式的丧失让我们哀伤，真相也让我们心痛得理所当然。即便聚焦于逝去之人——暂且不谈"关于气候的悲伤（climate grief）"和对世间不公的悲愤——我们的悲伤也包罗万象：不只是为逝者哀悼。以正确的方式表达悲伤，而不是将悲伤完全抹掉，这才是我们的目标。

15岁时，我与悲伤初识，因为我的初恋茱尔丝（Jules）同我分手了。我们没处多久，在一起大概也就半年。茱尔丝对接吻尤为敏感，"因为这样我们就不会厌倦接吻了"。我想也许她之前与男孩有过不愉快的接触，而我又比较温顺。我不知道怎么同她交谈，从一开始就表现得易怒、爱吃醋。茱尔丝受够了，提出分手，我对此有点生气。虽然如今回想起来觉得稀松平常，但当时觉得分手得太莫名其妙了。为什么？为什么？为什么？我不停地打电话问她,而她总是委婉拒绝,不愿解释,之后连电话都不接了。我继续打给她,终于问到了答案。导火索原来是在一次派对上我同她最好的朋友亲热,这位朋友的名字我已记不大清,派对我也毫无印象。这位朋友向她打小报告,说我是个没用的废物,不过请容我辩解,我真没什么机会练习接吻。

我想表达的意思是,其实除了人们往往最先想到的丧亲之悲以外还有一种被抛弃的悲伤。在小说《大海,大海》(*The Sea, the Sea*)中,艾丽丝·默多克笔下那位以不可靠的叙述者(unreliable narrator)写道:"人收回爱,心也就死了。"他是在自欺欺人,和 15 岁的我一样。我曾以为会爱茱尔丝一辈子,以为自己不会再爱了。但也不能说这个想法完全是错的。

通过比较爱情和死亡带来的悲伤,我们可以学到很多。爱情的悲伤是出于一段关系的结束,而并非所爱之人的逝去;是"关系性悲伤"的形式之一。分手时,我的悲伤不是出于她,而是出于我自己(没有我,她过得更好)。关系性悲伤的其他形式则取决于其他关系,包括家庭和朋友关系,并且形式不同、特点各异。与此同时,如

第三章 悲伤

果是为素未谋面之人难过,悲伤就几乎完全是非关系性的。在《棒球人生忠告》(*Baseball Life Advice*)中,加拿大作家史黛丝·梅·芙尔丝(Stacey May Fowles)悼念了迈阿密马林鱼队(Miami Marlins)的投球手何塞·费尔南德斯(José Fernández)——他在一次划船事故中丧生,年仅24岁——"生人离世会让人心生一种莫名的悲伤,而这种悲伤根本没有办法抑制。"肆虐的疫情丝毫不受控制,夺去了一大批人的生命。而这群已故的陌生人让我们心生的悲伤,也没有办法抑制。大多情况下,一种悲伤既是关系性的(针对一段关系),又是非关系性的(针对所爱之人),诸如伴侣、父母、儿女或者亲密朋友的离世。

上述区分尤为重要,原因在于它驳斥了悲伤遭到的众多指责之一,有时甚至悲伤之人自己也会如此自责:悲伤是自我沉溺的一种表现形式。狄迪恩的《奇想之年》(*The Year of Magical Thinking*)开篇有首诗,像是首自由诗(free verse):

生活变化迅速。

生活瞬息万变。

你坐下吃晚饭,你熟悉的生活便迎来结束。

一个自怜的问题。

丈夫离世后,狄迪恩最先想到的是自怜(self-pity)。自怜也许是悲伤的一部分,可即便如此,我们也不只为自己悲伤,还为逝者以及他们失去的一切悲伤。悲伤不是软弱,而是坚守爱情的象征。

即便是一段关系带来的悲伤,也不完全以自我为中心。如果我的妻子离世,我确实会担心自己:我该如何应对孤独,如何独自面对为人父母的责任,又如何一个人度过每天的生活?(这是自怜的问题)但我也会为她以及她不能再拥有的一切悲伤。我还会为我们以及我们失去的曾经共同拥有的一切悲伤,因为我做的很多重要的事情,都是我们一起做的,没有她,这些事不可能完成。甚至同茱尔丝分手后,我珍重的、失去的并非一个可以亲热的人,亦非被人所爱带来的肯定,而是我同她之间的那段关系。即使我对那段关系有所曲解,那也不仅是我一个人的事。

悲伤往往以关系性的形式出现,以合适的方式表达悲

第三章 悲伤

伤就需要处理好发生改变的关系。改变，也就意味着关系仍未结束。在一篇有关老年朋友离世的文章中，美国哲学家塞缪尔·谢弗勒（Samuel Scheffler）引入了一个令人啼笑皆非的词，用于形容那些不再活跃的人际关系：在"完成式（completed）"关系中，比如我和荣尔丝的关系，对方依然在世；在"存档式（archived）"关系中，对方已经离世。即便是完成式关系也并非意味着完全结束：我和荣尔丝之间的关系不同于我和完全陌生的人之间的关系。我会说我还爱她，就像爱一个多年未见的朋友一样。

谢弗勒想说明，存档式关系也并非意味着结束：它们会持续作用于我们的生活。它们给我们施加了必须满足的要求，即尊敬和尊重。就算我们同逝者的关系必须改变，我们与他们也仍然存在关系。在我读过的每一篇丧失亲友的报道中，失去亲友的人都会有种亲友仍在身边的神秘感觉。"没有跨越过丧亲之悲这条回归线的人往往无法理解，"小说家朱利安·巴恩斯在叙述妻子的一篇文章中写道，"某人离世的事实也许意味着他不再活着，但并不意味着他不复存在。"从某种意义上说，他们确实还存在；从另一种意义上说，他们其实并不存在。"我时不时跟她说话，"他继续道，"很平常的一件事，也很有必要。"

在为一段关系悲伤时，一个人往往游走在两种情绪之间：迫切渴望关系一如既往继续下去——逝者能同生前那般继续存在——和试图忘掉一切的绝望的疏离。要想知道一个人具体处于哪种状态是件难事。儿子突然离世后，诗人丹妮丝·莱莉（Denise Riley）写到了悲伤的时间错位性：

> 每当要告诉别人"我儿子死了"，我都会觉得是在说谎，像是自己在演戏。无趣。或者说，这是对我儿子的背叛。我一点都不觉得他死了，他只是"离开了"。只不过在我的余生里他即将离开了。

可同逝者保持关系——仿佛只是相距很远——存在让人脱离现实生活的风险。在莱莉眼中，时间停滞了。"通过何种途径，"她问道，"能让我们与世界重连？"此外，从悲伤中恢复的代价似乎"高得难以承受"："一旦我们意识到自己虽然极不情愿，却也已经将逝者留在了身后的永恒中，他们便悄无声息地消失了……你不会愿

第三章 悲伤

意经历这第二次失去,也就是最终的失去。"

为了以合适的方式表达悲伤,我们必须走出进退两难的处境:要么抛弃逝者,背叛他们;要么抓住逝者不放,自己受苦。无论多么困难,解决问题的办法就在于接受这段关系并未结束但必须改变的事实。哲学家帕拉·尤格拉(Palle Yourgrau)曾令人难忘地斥责了那些将书的题献写作"对逝者的回忆"的作者:"让你热爱音乐的是你的母亲,不是你对母亲的回忆;第一次带你去读诗的是你的父亲,不是你对父亲的回忆……"还有什么能比一段鲜活的记忆更不同于逝去的父母的呢?我们应把书献给逝者本身,而非对于逝者的回忆。这个形而上学中的事实——逝者并非不真实,我们仍能谈论他们,与他们保持关系——极易在悲伤的迷雾中失去。

对于如何改变与逝者的关系,以及如何改变与一位离开的生者的关系,我都无法提供任何建议。每一段关系都是独一无二的,都有属于自己的世界,不该一概而论。我之前所说的也并非以治愈为目的,我想表达的是,接受改变并不意味着不忠或背叛。一个人可以独自或同他人一起做些事情来缅怀逝者,但无法同逝者一起做事。

这并不是对逝者的抛弃，就像孩子长大后，父母为其做的事变少了，并不代表父母抛弃了孩子；子女没有像父母曾经照顾自己那般照顾父母，也并不代表子女背叛了父母一样，只是有时会让人感觉如此罢了。

回忆离世的妻子时，C. S. 刘易斯（C. S. Lewis）把丧偶（bereavement）称为："我们对爱的体验中普遍存在且不可或缺的一部分。它往往紧随在婚姻之后，就如同婚姻在求爱之后，或秋季在夏季之后一样。它未将旅途从中截断，而恰是旅途必经的阶段之一；它并不是打断了一场舞蹈，而正是下一个表演嘉宾。"面对子女的死亡想要采取这种态度比面对伴侣、朋友的离世要艰难得多——人们并不希望自己的孩子离世。要想走出悲伤，就需要在新的条件下维持这段关系，它虽以痛苦为代价，但带给我们的不只痛苦。从悲伤中重新振作的人会从对深爱的亲故的回忆中寻得愉悦和慰藉。路易斯写道，"从生者与逝者的婚姻中寻得越多的快乐……生活的各个方面就会越好，因为我发觉，强烈的悲伤无法将我们同逝者相连，反而会让我们彼此分离。"逝者无法享受幸福，这固然令人难以接受，但想到他们无法享受幸福则更加糟糕。

第三章 悲伤

此前，我们区分了不同形式的悲伤，其中一种源于一段关系的破裂，而还有一种是对逝者的悲伤，罗兰·巴特称其为"纯粹的哀痛，与生活的改变、个人的孤独等无关。这种悲伤是爱之关系的痕迹和空缺"。我们处理了第一种悲伤，第二种悲伤还有待解决。古希腊时期各学派同样也达成了一项与这种悲伤相关的共识：死亡不会对逝者造成伤害，故没有理由为他们悲伤。

如果死亡真的无害，且因此也没什么可怕的，那真是再好不过了。可遗憾的是，这一结论的论据十分薄弱。公元前306年或公元前307年，著名的自助大师、快乐主义者伊壁鸠鲁（Epicurus）为雅典的学徒创建了一处名为"花园（the Garden）"的学园。他认为死亡无法伤害我们，因为人死后失去了意识，感觉不到疼痛。"所以于我们而言，死亡这一最令人闻风丧胆的疾病根本不足挂齿，"他接着说道，"只要我们仍存活于世，死亡便不会与我们同在，而一旦死亡来临，我们也就不复存在了。可见对于生者，死亡并不存在，而对于逝者，它已不复存在，所以死亡均与这二者无关。"这是诡辩（sophistry），如果不复存在能让你免受恶的折磨——尤其是痛苦——那么为了逃避生活的苦难，你也就不必继续存在了。死亡带来的伤害是剥夺的伤害，是愉悦的丧失，是关系的瓦解，是事业的未竟。一个人死了，他的行动也就受到了限制。（即便相信人死后会继续以某种灵魂的形式存在，以下这点也是千真万确的：他无法继续在世间的生活。）死亡伤害我们的方式在于，如果能活下去，我们还能活得更好。悲伤也许会记录下死亡给人带来的伤害："看看她因失去生命而失去了什么吧？"巴恩斯在妻子离世时写道，"身体、灵魂，还有一颗活力四射的、对生活的好奇心。"

剥夺带来的伤害是真实的：得不到原本能得到的好东西本就很糟糕。只是事情没有这么简单，因为如果是其他人都得不到的好东西被剥夺了的话，我们根本不会为之悲伤。在《重来也不会好过现在》（*Midlife*）里，我写到一个朋友，他想成为超人，速度比飞驰的子弹还快，力量比火车引擎还强，轻轻一跳便能跃过高楼大厦。谁不想这样？但我设想他会为此深陷痛苦，为他仅有的人类力量而苦闷难当，就同我们时不时会为预期的死亡感到焦虑一样。那么他的反应似乎是不相称的，不合情理的，因为得不到超出人类限度的能力而泣不成声毫无意

第三章 悲伤

义。那么，为人类必将迎来的死亡痛哭流涕有意义吗？为什么我们对耄耋老人的逝世所感到的悲伤要强过对无法飞行所感到的悲伤呢？

如果所爱之人英年早逝，那么我们错失的一定不是超人般的生活，而是平凡的生活。我们应该为此感到悲伤。但如果逝者好好生活了一辈子，在耄耋之年安详地逝去，情况就有所不同，因为这并非不幸，而是已接近最好的结局了。我们可能也会为他们所错过的一切难过，但这种难过不应与对英年早逝的难过等量齐观。虽然祖父母去世时给人带去的悲伤与子女去世不同，可我们仍会悲伤。为何悲伤？如果不是为了逝者被剥夺的美好生活，那么我们悲伤的对象又是什么？

既然悲伤能细分为对一段关系的悲伤和对逝者本人的悲伤，那么后者也能进一步分为因逝者受到伤害而悲伤——逝者本该再活久些——和纯粹因为生命逝去而悲伤。悲伤的三种形式都在表达爱意：重视一段关系，期求对所爱之人好的东西，珍重彼此的存在。同悲伤一样，爱也非常复杂。

伴随着母亲逐渐远去，我能感觉到爱的细弦也在日渐磨损。我回忆起在科茨沃尔德（Cotswolds）的那个夏天，母亲开始似乎不由自主地重复别人说过的话。望着车窗外飘过的那片乡村美景，妻子若有所思地说："英格兰的土地，碧草如茵，令人心旷神怡。"一分钟后，后排的母亲回应道："这里让我想到了那首诗，你知道的——《耶路撒冷》（*Jerusalem*）——我们的土地碧草如茵，令人心旷神怡。"我一直觉得这首诗是个不好的预兆。大概一年后，她就被确诊为阿尔茨海默病。身体状况数年来都还较为稳定，可自去年圣诞节起就开始走下坡路了。和母亲通电话时，我很难知道她现在过得好不好，不过她仍记得我，会同我聊聊天气，聊聊外出散步。她知道自己在哪里，也知道自己的记忆正日渐衰退，就是不知道今天发生了什么、还会发生什么，也无法将对话维持下去。她的生命已经萎缩、衰弱，曾是医生的父亲如今已是她的全职看护人了。我期望母亲能继续活下去，尽管我知道大限终将到来。

我一直在读安妮·埃尔诺的《我仍身处黑暗》（*I Remain in Darkness*）。她母亲也患有阿尔茨海默病，最后在医院里去世了，而书名正是她母亲在被转移至医院

第三章　悲伤

前写下的最后一句话。在私人日记中，埃尔诺曾毫无保留地将一切娓娓道来，十年后未经修订便将其出版。母亲住院的那个月，埃尔诺在日记中写道："她早上起床，难为情地同我说：'我尿床了，没憋住。'同我小时候尿床时说的话一模一样。"十个月后，母亲开始意识到自己不会再康复了。"我真的很心痛，"埃尔诺写道，"母亲还活着，她心中仍有对未来的渴望和憧憬。她只想活着，我也需要母亲活着。"大概又过了一年，离母亲去世还有不到一个月的时间：

> 我递给她一块杏仁小蛋糕。她自己吃不了，嘴唇疯狂吮吸着稀薄的空气。这时候，我甚至希望母亲已经死了，死了就不会有如此不堪。她的身体几近僵硬，费尽了力气才站起来，空气里弥漫着一股令人恶心的恶臭。她就像刚出生的婴儿一样，刚吃完就排泄了。多么恐惧，多么无助。

即便宁愿母亲死去，让她免受苦难和屈辱，埃尔诺仍在母亲去世时"悲痛欲绝"。"一切都结束了。是的，时间仿佛永远停在了那一刻。没有人能够想象那种痛苦。"

虽然这些文字都不忍卒读,但是我还是想知道之后发生了什么。在埃尔诺看来,母亲的离世将她的爱粉碎:她为了母亲着想,所以才想让母亲死去,"死了就不会有如此不堪";可她也为母亲的死感到悲痛,我觉得不单是因为母女关系的终结,还因为她珍视母亲的生命价值——该价值由爱得到确证,但也因死亡而失却了。我们曾在友爱的深处发现了这种价值,它也深植于对生命的纯粹逝去所感到的悲伤之中。

不过,在这种凄凉中也存有一丝慰藉:悲伤并没有错。即便没有关系需要改变,没有特殊的不幸需要哀悼,提醒我们注意这个事实,即某个特定的人已不复存在了,这个事实本身将告诉我们如何去感受。忧愁也是好的生活的一部分,也意味着我们在直面生活,并作出应有的回应。假若我们不曾悲伤,我们也就不会去爱。

上述事实又引起了一个困惑,既是日常情感上的,又是哲学思辨上的:如果所爱之人已逝是我们悲伤的理由,而这一事实将永远不会改变,那么我们也该永远为之悲伤吗?

第三章 悲伤

所幸大多数人不会。根据一项有关悲伤的实证研究，在失去伴侣或孩子的人中，超过半数具备"情感韧性（emotionally resilient）"，即事后二至三个月便能重新振作，而有些人则需要一年或一年半。只有少数人经历了持续很久乃至长期性的悲伤，他们可能需要接受暴露疗法（exposure therapy）或者认知行为干预（cognitive behavioral intervention）。

从某种程度上说，这是好消息："大多失去亲友的人都是在没有任何专业帮助的情况下自己重新振作的，"心理学家乔治·博南诺写道，"他们也许极为悲伤，觉得无依无靠，但生活最终会重回正轨，没他们想象中的那么难熬。"可换个角度，这也令人不安。我们的韧性是否意味着不再珍重所逝之人的生命，或者说根本从未珍重过？母亲去世两个月后，罗兰·巴特自问道："能够离开所爱之人生活是否意味着你没有想象中那样爱她……？"在一篇有关悲伤的动人文章中，哲学家贝里斯拉夫·马鲁稀奇（Berislav Marušić）回应了巴特的问题：

离母亲去世仅仅过了几个星期，我就或多或少能像她在世时那般生活了，属实令人惊讶！……悲伤似乎完全消失了……难过的时候，我仿佛觉得悲伤就会一直持续下去，只要她的死仍是我悲伤的理由——换句话说，只要她在我心里仍有分量……等我们预见到悲伤的消减，那似乎就意味着，终有一天我们将不会在意自己失去了什么。

虽然我们不想永远沉浸在悲伤之中，但我们也不会想要如此。我们不想停下对已故之人的爱，停下对他们的关心，也不想停止对他们已逝去这一事实的注意。如果悲伤的理由在于所爱之人的离世，那既然他们永远故去了，我们又为何应停止悲伤呢？无论他们已逝世多少年，我们已悲伤几个月，这些事实都无法改变他们已逝去这一事实。既然他们不复存在已是铁定的事实，我们又如何能坦然接受悲伤之情日渐平息？

悲伤同其他情感一样，是对各种事由的回应。这里的事由是指能够为情感的产生提供辩护的事实。愤怒是对侮辱或伤害的反制，恐惧是对潜在威胁的注意，悲伤代表着某种失去。有人为悲伤的日趋平息感到困惑，这种困惑基于这样一个前提，即唯有那个事由才能决定我

第三章　悲伤

们该有的感受：悲伤是否讲得通取决于那些引起我们悲伤的事由。如若果真如此，我们就该永远为逝者悲伤。可事实上悲伤的运作机制并非如此，随着时间推移，悲伤也会改变，这不是因为引起悲伤的事由改变了——在悲伤持续过程中，我们不会觉得有新的事态产生，好比说"一年过去了，她的死也没那么重要了"——而是因为它终将成为我们人生的一部分。它不再是一种情感状态，而变成了一个情感过程，这个过程它的形态也不因它所回应的事由而固定。

就这点来说，悲伤不是独一无二的，爱也是如此。爱会随着时间流逝而生长、加深：曾经一时的好感可能会发展为数十年的羁绊。尽管不一定会如此发展，这样发展了也未必是件好事，但是这种发展完全说得通。那么这是为什么呢？是因为又爱了对方一年这个事实提供了另一个爱她的理由吗？仿佛爱得越久，对方就越惹人爱一样。不是这样的。并不是说在爱一个人时，我们会关注爱的过程，追踪它在生命中的持续时间，从而调整爱的程度。（我们的注意力集中在外部，在所爱之人身上，而非在我们自身的体会之上。）爱也同悲伤一样，是情感过程，而非情感状态。爱的演变本就是爱的一部分。

也就是说，从这个角度来说，爱的增加和悲伤的减弱总是无法从内部被认识的。我们可以把它们理解为人类情感过程中的不同阶段，但是它们不因爱或悲伤的对象变化而变化。逝者永远离去了，时间和眼泪虽然能让人好受些，但是也无法挽回。我认为，正是由于悲伤减弱的原因难以捉摸，哀悼仪式才如此重要。无论是在私底下，还是在公共场合，正是我们消化悲伤的种种做法填补了该原因的缺失所留下的裂隙。

我人生中第一次参加葬礼还是在匹兹堡大学（University of Pittsburgh）任教的第一年。受人敬仰的物理学家、哲学家罗伯·克利夫顿（Rob Clifton）因结肠癌去世，终年38岁。他的葬礼是按照基督教仪式，在奥克兰（Oakland）的升天教堂（Church of the Ascension）举行的，那里离匹兹堡的世俗的学习大教堂很近。葬礼有两处让我记忆犹新：一是罗伯生前留下的一张叫人大声朗读的纸条，表达出一丝顽皮和窃喜，因为他强迫自己的无神论同事们前来参加这场宗教仪式；另一点是明显围绕着他正悲痛的妻子和孩子们的那群人——主日学校（the

第三章 悲伤

Sunday school）的同伴们。这些家庭是由不仅仅是友谊的情感联系起来的。研究表明，抵御悲伤的坚韧程度与社会支持以及个人和经济灵活性紧密相关，可事实远不止如此。我所向往的那种氛围是这样的：人们知道别人去世后该做些什么，知道如何安排每天的生活以免失去方向。

每一种文化都能提供一张独特的地图，以防我们在悲伤地带中迷失方向，跌跌撞撞。犹太人的传统是坐七（shiva），在朋友的陪伴下哀悼一周；西非的达荷美人（the Dahomey）通过饮酒、跳舞、唱歌、讲下流玩笑来悼念逝者；苏里南（Surinam）的撒拉玛卡人（the Saramaka）举行集体的"分别仪式（rites of separation）"，仪式的高潮是人们彼此分享奇异的民间传说以及有关人类境遇的寓言；在中国，多神信仰（polytheism）的传统在葬礼仪式中得到了延续，古代君主下葬时会将奴仆和财物一同埋在身边，在现代葬礼中则换成了纸扎的复制品。可见实践重于信仰。在西方，丧葬的规章制度至少可追溯至古典时期。历史学家大卫·康斯坦（David Konstan）援引了古罗马的一则丧葬法，该法条指出"父母和六周岁以下的儿童离世，可哀悼一年；六周岁以下儿童离世,可哀悼一个月;丈夫离世,可哀悼十个月;近支血亲离世,可哀悼八个月。若有违反者,公开羞辱"。

康斯坦猜测,亚里士多德——由于从不谴责悲伤而成为古代哲学家中的一个例外——之所以没有将悲伤纳入《修辞学》(*Rhetoric*)的情感理论之中,是因为它不似愤怒和恐惧,并无自然的解决办法。面对愤怒,要么接受侮辱或伤害,要么为之复仇;面对恐惧,要么逃离,要么直面潜在威胁。仅此而已。可悲伤不是这样的,至少面对生命逝去时不是这样。对引起悲伤的事由,我们什么也做不了,除非你能让所爱之人起死回生。因此,我们需要进行哀悼的实践,需要从中获得指引。地图在手,我们就能在理性缺席之处导航。

纵观西方历史,不仅是悲伤,甚至死亡本身在大多时候也被仪式化了。一个人在家中死去时,有家人、朋友、邻居等相互陪护的各种习俗。这些仪式也需要孩童的参与,在保持家常氛围的同时又相当肃穆。整个19世纪,死亡开始慢慢变成私人之事。人类学家杰弗里·哥尔(Geoffrey Gorer)认为,第一次世界大战期间还发生了一次重大转变,当时伤亡人数过多,哀悼仪式不堪重

第三章　悲伤

负。直至20世纪末，家庭之外的死亡——医院或临终安养院——已成为常态，人们临终时是在医生和护士的监护下度过的。我无意对上述改变做出评判，仅想摆明绝大多数人都面临的问题，即相对缺乏有意义的社会实践来体验悲伤。我们目前只是了解了哀悼的大体形式，其具体内容需要我们自己来填充。

爱情其实也有类似之处。随着传统婚姻礼节丧失权威，人们逐渐觉得结婚一事大可不必，即便是那些认为结婚很有必要的人，也会以自己喜欢的方式操办婚礼。对此我并没有贬低的意思——我自己的婚礼就是随意安排的——但我确实觉得丢失了一些东西：传统所带来的那种现成的明晰性。我和妻子结婚时很难找到司仪，问的第一个人是个福音派（evangelical）的电台脱口秀主持人（说来话长）。他无意主持"异教徒"的婚礼。这次沟通也在大体上友好和相互理解的氛围中结束了。之后，带着些许谨慎，我们开始寻找一个成熟稳重却又能够通融的人。我们找到了鲍伯·埃普斯（Bob Epps），他是印第安纳大学（Indiana University）的退休校园牧师［婚礼会在布卢明顿（Bloomington）我岳母的家中举行］。同鲍伯的会面让人舒心不少，他性格稳重，见过世面。他从桌子那边把身子探向我们，两只手摆成了金字塔形状，提了几点条件：婚礼期间不得携带牲畜和毒品，除此之外的其他事情都可依照我们的喜好，我们也爽快地答应了。最后便来到了关键的问题之上：我告诉鲍伯，只有《公祷书》（*the Book of Common Prayer*）才会让我觉得是在举行婚礼——可我又不想念到"上帝"。"无论你是否提及上帝，"鲍伯亲切地笑道，"祂都会见证你们的婚礼。"我的心这才踏实了。

每当想到如何悼念我的母亲，或者妻子孩子（但愿不会发生）时，我想要的也就是那些我觉得可以接受的传统。悲伤究其根源并不是叙事性的，它往往以汹涌起伏的混乱形式出现，不受理性的支配。难怪我们能从站不住脚的"悲伤阶段论"中寻得慰藉。但我们需要的绝非某种理论，而是实践。哀悼的习俗给悲伤赋予了它自身所不具备的结构，它们使得以正确的方式悲伤这一点变得清晰可辨。

2021年1月，我正在撰写这本书时，岳父突发心脏病去世了。我的岳父爱德华·古芭（Edward Gubar）是个

第三章　悲伤

心态好、忠实、聪明且极其博学的人，他当过作家，也做过记者，生前在印第安纳大学荣誉学院（the Honors College）任教。他关爱学生、善打扑克、崇尚进步主义政治（progressive politics），还将自己富贵险中求的性格发展成了一项在加密电子货币（cryptocurrency）领域收益颇丰的副业。自新冠肺炎疫情暴发以来，我们就没怎么见过他了，直到现在，他的离世仍显得如此不真实。他离世后的几周，因为疫情的缘故，我的妻子玛拉、妻妹西蒙妮（Simone）和爱德华的伴侣克莉丝汀（Christine）忙得不可开交。只有克莉斯汀能陪在逝者身边，张罗各种杂事。哀悼被距离阻隔了。

距离给我们的哀悼带来了诸多不便。我们通过视频会议软件（Zoom）进行了坐七，但是线上的距离让人很难量度失去一个实实在在的人的分量——彼此拥抱寻求慰藉更是不可能。与此同时，玛拉在安排线上追悼会之余，联系了许多失联已久的亲朋好友，内心的悲伤似乎也因此有所缓解。虽然音频设备会时不时出故障，但这次仪式本身让我们相当珍视：我们难得地与各奔东西的亲朋进行了一次深入交流，这次交流让我们得知了爱德华从幼儿园到高中的故事，还说到他从前在纽约（New York）开出租车，担任玛拉的足球队教练的故事，以及他无与伦比的侃大山本事，打电话或在餐厅用餐后总能聊个没完没了。有的人讲着有趣逸事，有些人潸然泪下，这正是悲伤的复调（polyphony）。之后回看录像时发现，我们离开在线会议室后，仍有几个朋友留了下来，细数着过去的种种回忆，以爱德华最爱的方式——侃大山，来纪念他。

直到追悼会结束，玛拉才真的哭了起来，悲伤的情绪起伏不定。从前每周日和父亲煲电话粥的回忆像鬼魂一样萦绕在她脑海，如今再也不会有电话响起了。她很难相信父亲真的离去了，因为几个月来他一直出现在视频对面，勾起她的悲伤的是画面延迟一般的回忆。其他人的情况就更艰难了。疫情不但给哀悼带来了不便，还扰乱了死亡本身的仪式。病患的所爱之人只能在电脑屏幕中，目睹他们被迫孤独地死去，还有一大批人的悲伤还被迫延迟。但是对于大多数人而言，即便是在新冠肺炎疫情暴发之前，哀悼仪式也并无固定流程，或模糊不清，这限制了哀悼的效力：面对逝者，我们无法确定该做

第三章 悲伤

些什么。

一旦仪式不存在或受到干扰，哀悼便全靠即兴发挥了。我们不得不更依赖于关系性悲伤的逻辑，以纪念逝者存在的方式改变同他们的关系。爱德华去世时正值疫情，使得我们无法举行习惯的哀悼仪式，因而我们被迫创建了自己的仪式。我们观看了女子篮球赛——美国大学体育协会（NCAA）锦标赛中的印第安纳大学山地人队（the Indiana Hoosiers）——这是数年来的第一次，还谈到了爱德华对于大学体育运动的热爱。在他诞辰那天，为了悼念爱德华，我们买了张彩票，没中。时效最久的还当属这件事：玛拉受爱德华广交朋友的本领影响，决定要同远方的亲友们保持更密切的联系。作家莉迪娅·戴维斯（Lydia Davis）以她的一篇精致的微小说的标题向人们发问："我该如何悼念他们？"并且用更多的问题来回答问题，"我该像甲那样，保持房屋整洁吗？……或者像乙那样，打住我内心的怨恨？……还是说像丙那样，只能身着黑白？"悲伤之人需要自己去问这样的问题，找寻能与逝者相契合的哀悼方式。当约定俗成的哀悼模式无法触及时，自己选择的哀悼模式便更有分量。

人生维艰

可无论是沿袭传统，还是亲身实践，它们都不是悲伤的解药。没有固定仪式，我们的处境也许会更为艰难，可即便有仪式，事情也并不轻松。逝者留给我们的伤疤即便愈合，也可能在日后重新裂开。面对悲伤，我们没有一劳永逸的解决办法，只有没完没了的心理矛盾。"这是最后一个令人头痛、无法回答的问题，"朱利安·巴恩斯写道，"哀悼中，何谓'成功'？是刻骨铭心，还是抛诸脑后？是踌躇不前，还是大步向前？……还是说，把对逝者的爱牢牢铭记于心，使记忆不致扭曲？"有时，一个问题无法回答并不是因为很难得出答案，而是因为问题本身的预设出错了。朱利安·巴恩斯所提问题的前提在于，我们在悲伤中能够做到完完全全的成功，抑或彻彻底底的失败。但是渴求一个叙事上的终结，是和合适的悲伤方式相互冲突的。虽然哀悼的传统支撑起了悲伤的结构，但它并不是一个从开始、到中间、再到结束的结构。它就如同一本地图集，带领我们穿过悲伤最为艰险的地域，抵达那片未被勘探却适宜居住的土地。如果生活是个故事，那么悲伤便在时刻提醒我们，故事的结局并不快乐。当然，也许生活本就不是一个故事。

第四章
失 败

失败的内容非常丰富。人会败在工作，败在爱情，败在履行彼此的义务。但对于那些败在体育运动的人来说，失败多了种特殊的尊严，没有比体育运动更能定义失败、更能让失败无可辩驳的事情。为了学会如何应对失败，如何体面地处理失败，年轻人往往被要求参加体育运动，而它们正是能力不足和错误频出的温床，滋生了许多最不可挽回的灾难性时刻。

以棒球为例，这项运动既能引起哲学共鸣，又有许多现成的专用名称可供描述。例如"默克尔的蠢错误（Merkle's Boner）"：在1908年的一场决胜局中，原本敲出一记安打便能拿下比赛的纽约巨人队（New York Giants），却因弗雷德·默克尔（Fred Merkle）的失误，

人生维艰

没能触到二垒（second base），并惨遭强尼·艾佛斯（Johnny Evers）触杀出局，而最终失败。再如"斯诺德格拉斯的漏接（Snodgrass Muff）"：在1912年的世界职业棒球大赛（the World Series）上，纽约巨人队又因弗雷德·斯诺德格拉斯（Fred Snodgrass）漏接球再次落败。还有被"贝比·鲁斯魔咒（the Curse of the Bambino）"缠身的比尔·巴克纳（Bill Buckner）：1918年，波士顿红袜队（Boston Red Sox）转卖了贝比·鲁斯（Babe Ruth）的合同，据说这导致了该球队此后近百年低迷不振。六十八年后，一个易接的地滚球从巴克纳的双腿间缓缓穿过，导致红袜队把冠军拱手让给了纽约大都会队（New York Mets）。也许他们之中最大的失败者是拉夫·布兰卡，因为他放弃了"响彻世界的一击（Shot Heard Round the World）"：博比·汤姆森（Bobby Thomson）的一记本垒打（home run）为纽约巨人队赢得了一场关键的季后赛，并让他们——而不是布鲁克林道奇队（Brooklyn Dodgers）——挺进1951年世界职业棒球大赛。

如何面对确定无疑的失败？这是每个人都会面临的问题，尽管有些人更容易被失败伤得更深、更惨

第四章　失败

痛。值得落实的计划会受阻或被遗忘，这种情况在生活中比比皆是。"如果我们在数百万个小计划里还能记住一小部分，"诗人兼警句家詹姆斯·理查德森（James Richardson）写道，"我们就会因为那一小部分计划的失败而遗憾终生。"堪以告慰的是，不按计划进行的情况无处不在。英国社会评论家乔·莫兰（Joe Moran）在自诩的"慰藉之书（book of solace）"中讲述了大大小小的失败故事，其中最后一个故事有关一名"既不从失败中吸取教训，又不积极进取"的艺术家。这位艺术家作品寥寥，死前，由于创作新技法的失败，就连他最为著名的一幅壁画也都开始剥落了，该创作实验以失败告终。这位艺术家正是列奥纳多·达·芬奇（Leonardo da Vinci）。

失败的经历通常枯燥乏味，可我的孩子一旦计划落空，便最喜欢听我讲述自己的失败经历：恋爱被甩，考试不过，输掉比赛。他们尤为喜欢听我讲：头两次参加驾驶考试，我都没能把车从车辆管理局（DMV）的停车场开出来，那时他们的母亲已有九个月身孕。我之所以能开车送她去医院，是因为她恰好也在车上，符合实习驾照的条款。岳父看我考了两次都没过，有些困惑，但仍鼓励我。最后在他的陪同下，我顺利通过了第三次考试。岳父当时跟我聊到，他有次挂倒车档的时候，挂挡器卡住了，最后不得不倒着开车才把约会对象送回家。他用自己的失败经历来缓解我的紧张。

诸如此类的失败都没到千钧一发的地步，而有些失败却足以让世界天翻地覆，或者让世界免于倾覆。英国历史学家克里斯托弗·希尔（Christopher Hill）撰写的《惨败经历》（*The Experience of Defeat*）是研究社会失败的伟大著作之一。1649 年，适逢英国内战（English Civil War）如火如荼，国王查理一世（Charles I）被送上断头台，这开启了前所未有的社会民主前景。平等派（the Levellers）极力主张财富再分配，为贫民谋取更多的权利，而杰勒德·温斯坦莱（Gerrard Winstanley）领导的掘地派（the Diggers）更为激进，早早地拥抱了共产主义，比马克思还早两百年。温斯坦莱宣称土地是"所有人的共同财富"，并开启了一次将乌托邦主义付诸实践的实验。他未享有土地所有权，便以拯救贫苦百姓为名，直接在萨里郡（Surrey）的圣乔治山（St. George's Hill）和附近的科伯姆希思（Cobham Heath）开垦土地。温斯坦莱希望其

第四章　失败

他人能纷纷效仿，希望失去了农奴的地主加入他临时建立的社群，希望私人财产消失得一干二净，可惜事与愿违。当地的地主镇压了掘地派，并将其告上法庭，并烧毁了他们建于公地的房子。他们对于未来的激进设想以失败告终。

失败的影响如此之深、形式如此之多、范围如此之广，要想对其进行彻底的研究绝无可能。在这个意义上，本章也注定是失败的。本章关注的是个人失败——未能实现对你来说重要的目标或目的——而不讨论道德失败和社会失败（阅读过程中会再次出现）。正是个人失败可能定义你的人生，使你成为一个失败者。在体育运动的一个个重大的失败时刻中，我们领悟并纯化了这一概念。

成为失败的代名词会是什么感觉？对我们生活中常见的失败有什么启示？把"响彻世界的一击"拱手让人后的五十年里，拉夫·布兰卡接受了他的命途，几乎不曾抗辩过一次。世人只知道他当时投出了汤姆森击出的那颗直球，除此之外一无所知。在《回声缭绕的绿茵场》（*The Echoing Green*）中，记者约书亚·普拉格（Joshua Prager）解开了这个系在布兰卡和汤姆森之间的结。他讲述的不是救赎，也不是如何抹去这次失败——这么做已经太晚了。他告诉我们的是我们一直以来都知道的事情：无论是布兰卡还是汤姆森，他们的生活都远不止他们命运交汇的那一刻。快讲到季后赛时，普拉格并没有接着叙述，而是将笔头转向了二人赛前各自的生活。布兰卡拥有一个幸福的大家庭，而汤姆森则有一个对他支持有加的哥哥和沉默寡言的父亲。这段"中场休息"占去全书的五分之一。最后，汤姆森大力挥杆，在球触地前回到击球区的那一刻，决赛结束了。拉斯·霍奇斯（Russ Hodges）高呼："巨人队夺得了冠军！巨人队夺得了冠军！"——新的一天："早上七点半，投手（pitcher）和击球手（hitter）各自在父母家中醒来，"普拉格写道，"两人都吃了母亲准备的鸡蛋，汤姆森还加了份培根，布兰卡则加了份火腿。"

没有人的生活可以被化约为一个事件，一份事业，或一个志向。它们都只不过是由一个个事实组成的。在已发生的事实之中没有任何命运可言。若我们重温那个赛季，那次击球，我们会意识到事情的发展可能多么不同，失败和成功只在一线之间，受纯粹的偶然性控制。

第四章 失败

不仅如此,我们还看到如下这种想法多么诱人,又多么危险,即我们的生活是隐藏的目的论的,正驶向注定的结局。写作过程中,普拉格在回忆的惯性中挣扎,这种惯性使得他将每一个片段看作是本就会发生的。为了打破这一惯性,他一方面调整了全书结构,穿插倒叙两位主人公的生活,以此打断事件原本发生的次序;另一方面调整了句子的结构,有意推翻甚至颠覆了原本的句法规则,读起来让人仿佛游离于时间之外。例如开头几页所写:

就这样,一根血淋淋的脚趾和一个发炎的阑尾把杜罗秋(Durocher,巨人队经理)和霍瑞斯·史东汉(Horace Stoneham,巨人队所有者)召集到了纽约巨人队的中场俱乐部……杜罗秋态度很差,会从短距离指示他的投手把球直接往对方击球手身上扔……布鲁克林到处都谈论着开球九人组,而这座城市新展现出的实力所能带来的最受欢迎的结果便是大败纽约队。

全书中还有几十处诸如此类的例子:动词、介词和从句四处分散在句中，出乎读者意料。你根本无法得知整个句子所要表达的意思。

普拉格对于行文形式的恶作剧让我们对失败有了更多的认识。乔·莫兰写道："关于失败的一个根本迷思是，造成失败的原因在于我们自己。"我们可以为失败负责，但是生活中种种无序的偶然——投球会不会突然下落，抑或接球被手套底边弹飞——都在提醒我们，人的掌控能力不是绝对的，往往是有限的。而且于我们而言，无论犯了什么样的错误，都有比错误造成的失败和比追求的计划更为重要的东西。我们之所以倾向于忽略和模糊这一点，是因为我们在叙述时总会把生活缩减为某几个关键的时刻，而且取决于我们想呈现出的叙事类型。失败的经历和我们自己的叙事就同布兰卡和汤姆森的生活一样，紧紧交织在一起。为了摆脱失败的束缚，我们需要自问生活在多大程度上是叙述性的，或者不是叙述性的。

我们同自己叙述自己的生活，并把它当作幸福生活的一部分，这样的想法尤为普遍，对这种想法的最直言不讳的批评者，哲学家盖伦·斯特劳森（Galen Strawson）称其为"我们时代的谬论"，此外，他还将支持者列了

第四章 失败

份令人印象深刻的清单,其中便包括神经病学专家、作家奥利弗·萨克斯(Oliver Sacks,"每个人都构建并活出了一段'叙事'……这个叙事就是我们自己"),心理学家杰罗姆·布鲁纳(Jerome Bruner,"我们成为了自传体叙事,借此我们'讲述'自己的生活"),还有一群声名显赫的哲学大师:阿拉斯代尔·麦金太尔(Alasdair MacIntyre)、丹尼尔·丹尼特(Daniel Dennett)、查尔斯·泰勒(Charles Taylor)和保罗·利科(Paul Ricoeur)。泰勒认为,一个"理解我们自身的基本条件(在于)将生活理解为一段叙事……将其看作一段铺陈开来的故事";在丹尼特看来,"我们都是小说巨匠,会发现彼此有着或多或少统一的行为,总尽力以最好的'面貌'示人。我们尝试将生活中的所有素材连贯成一个精彩的故事,而这个故事便是我们的自传。"

这听起来确实有点吸引人。有谁会认为自己的生活不够写出一部精彩的回忆录呢?可这并不是一个反问句:有很多人都不这么认为,其他人中大部分也是在自欺欺人。斯特劳森写道:"我完全不觉得自己的生活是某种形式的叙事,或是一种没有形式的叙事。"他似乎也过得很好。

斯特劳森的传记就是一个有利于我们研究的案例。他的父亲是 P. F. 斯特劳森，牛津大学的形而上学（Metaphysical Philosophy）韦恩弗利特讲座教授（Waynflete Professor），20 世纪末最杰出的哲学家之一。老斯特劳森因他对自由和责任的人道辩护以及从根本上将自我视作具身存在（embodied beings）的概念而闻名。他的儿子盖伦早熟，四岁起便对无限和死亡有着浓厚兴趣。在剑桥大学学习了一段时间伊斯兰学（Islamic Studies）后，小斯特劳森来到牛津大学研究哲学，成了一位著名作家和教授。他又是因什么出名的呢？他强硬地反对自由和责任的可能性，坚持认为我们内观的自我与以我们名字命名的那个人不同。

多么讽刺：盖伦·斯特劳森一边激烈地批评"生活就是叙事"（*Life as Narrative*）这种说法，一边把生活过成了书本上最古老的故事——上演哲学家版的"弑父"。我们可以利用这一讽刺来区分"生活就是叙事"这一说法中的三个要素，并从失败的掌控中稍加解脱。第一个要素是一个猜测，正如斯特劳森精妙的措辞所示，我们必须"用故事描述"自己，把生活以一整个连贯的叙事呈

第四章 失败

现。第二点和第三点均是伦理上的：第二点是，好的生活须呈现为一个连贯的叙事；第三点是，这个叙事须由主角叙述给自己，而斯特劳森本人作为例子却将后两点割裂开来了，虽然他的生活或多或少可以用一个故事讲述，但是我从同他的信件来往中得知，这个故事并非由斯特劳森自己叙述。如果选择相信他的陈述，那他就根本没有用故事描述自己。所以对于"我们必须以故事的形式讲述自己的生活"的心理学猜测而言，斯特劳森是个例外。他如果过得很好，那便证明美好生活的主角无须讲述自己的故事，即便有故事可以叙述。

斯特劳森只是众多案例中的一个。我同你们一样，也会是其中一员，日复一日、年复一年地生活，找不到太多叙事的方向。斯特劳森还引证了诸多杰出前辈的生活，其中便包括艾丽丝·默多克以及不拘一格的个人随笔先驱米歇尔·德·蒙田（Michel de Montaigne）。或许我们还可以加上比尔·维克，他曾在军队服役，后担任棒球队经理，带领棒球队历经成败，并为统一美国职业棒球大联盟（American League）而奋斗。他们三人的生活都满是有意义的事情，有些完成得非常出色，但也伴随着失误、迷茫和突然转向。要想生活过得好，这样便已足够了，无须用一个故事将所有事情串联起来。把生活看作一条叙事弧线，一股脑地朝着某个不确定能否达到的高潮前行，本身就已默认了潜在的失败，而我们其实无须那般生活。

想想艾丽斯·默多克吧。她研究古典学出身，第二次世界大战期间从事公务员工作，担任十年哲学教授后，离职成为一名全职小说家。即便与牛津大学英文教授约翰·贝利（John Bayley）结婚多年，她始终是一名泛性恋（pansexual）和多重恋爱主义者（polyamorous）。这段感情受挫颇多。四十一年里，默多克撰写了二十六部小说，这些小说虽然有某种程度的连贯性，但并不指向相同的方向。作为小说家，她不断改变，开始尝试写作不同主题，可写作风格的演变并不遵循某种模式——唯独篇幅越来越长，最后一部作品除外，这几篇小说并没有越写越好。包括我在内的不少人觉得她最成功的作品是处女作《网之下》（Under the Net）。而且默多克也不大能将哲学家和小说家这两个身份融合得很好。她坚决反对——我对此深表赞同——将她笔下晦涩难懂的哲学作品同"意

第四章 失败

图无数,魅力无限"的小说混为一谈。我们不能说默多克的生活缺乏连贯性——尽管要想解开她千丝万缕的情事之网并非易事——而只能说她的生活并不具备"生活就是叙事"的观点所认可的叙事结构,即囊括"主体、行动、目标、背景、手段以及困难"的模式,何况默多克本人也是这么想的。可正如第一章所述,我认为她这一生已经过得足够好。虽然在"生活就是叙事"这种说法看来,好的生活必须过成一段由主角自己讲述的、连贯的线性故事,但是默多克、斯特劳森、蒙田和维克都活成了例外。

有了上述例外,你可能会想知道为什么"生活就是叙事"的观点仍为大多数人所接受。我想答案在于,讲述故事这一过程结构不定且结局开放。我们早该提问:认可"生活就是叙事"观点的人到底是如何理解"叙事"二字的?最简单、最线性的故事往往最吸引他们。"几百年来,我们在小说中漫步时,有一条最倾向于选择的路线——实际上是我们被要求遵循这条路线的,"作家、批评家简·艾莉森(Jane Alison)在《蜿蜒、盘旋、爆炸》(*Meander*、*Spiral*、*Explode*)中写道,"那就是戏剧弧线

（dramatic arc）：矛盾出现，冲突加剧，抵达高潮，逐渐平息。"上述条件构成了"生活就是叙事"观点的框架，也赋予了内容，还断定了我们该如何，甚至本就渴望将一生的故事描述为一条单一的、完整的弧线，"直到高潮才会膨胀紧绷"。

然而，正如艾莉森注意到的那样，讲故事的形式千变万化，其中许多都是非线性的。这类故事蜿蜒、盘旋、爆炸，生出枝节，或裂为若干单元。普拉格当初通过一环接一环的叙事停顿和旧事铺垫讲述了"响彻世界的一击"，情节迂回，迟迟不进入正题。还有尼古拉斯·贝克（Nicholson Baker）的中篇小说《夹层》（*The Mezzanine*），其情节不过是午餐时自动扶梯上的一段故事，可叙述者偏偏对鞋带、吸管、除臭剂、小便池、纸巾、童年回忆和自动扶梯本身浮想联翩，虽然离题，但这才是真正引人入胜的地方。一部杰出的叙事作品中，也会有题外话里套着题外话，还有占据数段甚至数页的脚注，而并不真正推动故事进展。

"生活就是叙事"这种观点如果仅仅意味着将人的一生当作一段形式单一或无穷多样的故事是有意义的，也

第四章 失败

就谈不上有害了,正因如此它看起来才那么合理。可事实上,"生活就是叙事"的观点预示着生活需要统一,需要线性脉络,需要一系列事件的积累达到或成功或失败的高潮,这些也都是该说法的支持者所要求的。我前文举例讲述的那些故事削弱了他们的核心论证:把自己的生活以故事的形式讲述出来有助于理解自我、塑造自我。也许是这样吧。但我们理解自我的方式无穷无尽,即便是讲故事,也可以不把过去的几十年看作是一场走向某个高潮的探寻。为什么不能看作是一幅拼贴画,或是一篇人物研究,或是一个重复乐段呢?

再者,统一的线性叙事存在不足。正因为把生活统统挤进了一根管子,所以你才注定会失败。计划失败,连人也失败,这么说仿佛人本身也是个失败——好像失败不再是一次事件,而是一种身份。一旦你用一份事业、一条叙事线来定义人生,它的种种结果就会定义你。

我们应抵制这种认知倾向。无论你如何讲述你的人生,无论这个故事多么简单直白,它都远远没有你真正的现实生活丰富多彩。正如乔·莫兰坚信,"将所有的生活用成功或失败一概而论,也就错过了它们无限的宽度和无尽的厚度……生活无所谓成败,只有体验本身"。《夹层》的叙述者手里握着一本古罗马帝国皇帝、斯多葛学派哲学家马可·奥勒留(Marcus Aurelius)的《沉思录》(*Meditations*)。小说有一段写到他回忆起读过的一句话:"总而言之,看看凡人的一生多么短暂渺小吧。昨天不过一滴精液,明天不过一撮香料和死灰……错了,错了,错了!我想。这是毁灭的、无益的、误导人的、完全不真实的!"这位叙述者的人生之所以值得过活,并不是因为一段从受孕、出生到难逃一死的宏大叙事,而是因为数不尽的细小的思想和行为,以及日复一日令人舒心、快乐的人际互动。贝克向我们暗示了,你如果用心,一顿午餐的时间都够写成一本书了。

你越是能领略到生活中充满了丰富的小事件,就越能把生活当作各种成功与失败的集合,也就越不会绝望地认为"我是个失败者",抑或沾沾自喜地道:"我是成功人士!"不要受戏剧的诱惑,任由它带你远离你忘掉了生活主线以外的丰富多彩。

可能很多人会误解。我是不是在说,你应该放弃雄心壮志,不再投身于能决定未来几十年生活的计划吗?

第四章　失败

应该胸无大志,终日游手好闲吗?并不是,否则我这么说就相当伪善了。我的人生有二十年都在力求学术成功,但我并不后悔,真正令我后悔的是把人生当作一个有待完成的计划:先读博,再工作;获得长期聘用(tenure),再慢慢升职;教课,发文,出书,再继续发文、继续出书——为了什么?生活承载的只有越来越多过去的成就和受挫,不过是事迹的累积罢了,留下空虚的当下,所以我才会经历中年危机。

这并非无法避免。只要认识到每次行动的暂时性,我们就能学会如何在达成一项计划,甚至实现雄心壮志的同时,还不将生活彻头彻尾地颠覆,抑或单以成败的眼光看待生活。

几年前,我为《纽约时报》写了篇有关"活在当下"的专栏文章。常常有人告诉我们要"活在当下",可把每天都当作人生的最后一天来过是件极不负责的事,只会放纵玩世不恭的处事态度。结果发生了什么呢?我援引了亚里士多德的观点,在文中给出了一个方案——一种"活在当下"的积极观念。这篇文章在线上发布之后,虽然有人警告过我不要上网阅读评论,但我就是太好奇了,实在忍不住，结果在评论区遇到了一群怒火中烧的佛教徒。他们之所以如此愤慨，是因为谈及释放当下的力量时，我引证的不是佛教教义，而是西方哲学。我第一反应自然是为自己辩护：由于文章篇幅限制，当然没法把各种哲学都讨论到；我也不是研究佛教的专家；而且我的观点同佛教哲学之间关系复杂。我第二个反应是：如果你作为佛教徒还会给专栏文章留下愤恨的评论，那你可能做错了。

我对活在当下的构想依赖于对两种活动的区分：一种是，有计划需要完成，且这些计划会以最终结果论成败；另一种活动无须完成，且这些活动不以最终结果定论——也就无所谓成败。专注于后者，才会让我们更能主宰自己的命运。不仅是亚里士多德，就连东方哲学中也蕴含类似的观点，其中公元前 2 世纪的印度史诗《薄伽梵歌》（*Bhagavad Gita*）最为显著：

> 动机永远不应孕育于行动的果实中，
> 你也永远不应一味地不作为。

第四章　失败

坚持瑜伽，行动起来！

放下执着，坦然接受 / 成就与挫折

要想知道这段诗的含义，以及为什么说它不完全是段佛教诗歌，不妨借助我最喜欢的小说之一：费奥多·陀思妥耶夫斯基（Fyodor Dostoevsky）自 1868 年 1 月开始着笔，花费一年时间写成的《白痴》（*The Idiot*）。首先有必要在这里说明《白痴》的创作历程。1867 年 12 月，陀思妥耶夫斯基弃毁了一本酝酿数月、有关罪犯道德觉醒的小说。他的新计划是描写"一位完美无瑕的男子"——基督般的梅诗金公爵——把他扔进彼时俄国充满混乱和妥协的洪流之中。次年 1 月 5 日，陀思妥耶夫斯基给《俄国导报》（*The Russian Messenger*）寄了前五章，11 日又寄了两章。但也没有明确计划，就这样一部分一部分地往下写。

我们是怎么知道他没计划的？陀思妥耶夫斯基自己在笔记本里这么说了，部分是因为小说文本中也能找到他犹豫不决的证据。他写下了一些重要设定，后来又把它们忘了。第一部中，梅诗金具有从笔迹中读出一个人的性格的能力，但它并未在后文里发挥作用。我们得知他患有"疾病"，结不了婚，但他却同两位女性发展了浪漫的关系，还差点与其中一位结婚。《白痴》在后几部分中插入了一些陀思妥耶夫斯基在着手写作数月后于报纸上读到的故事，而他在写作开始时根本无法预料这些故事——他也想让我们知道这一点。这部小说就如同生活一样，结尾开放，不可预测，最终并无意义，就连全知的叙事者最后也都放弃了：

> 距离上一章讲述的事件已经过去了两个星期，故事中各个人物的处境有了很大的变化，以至于如果没有特别解释，就很难再继续阅读下去。但是，我们觉得必须把自己限制在纯粹的事实陈述中，尽可能不去做特殊解释，理由很简单：在大多情况下，我们自己也很难解释到底发生了什么。

在对《白痴》的深入解读中，批评家加里·索尔·莫森（Gary Saul Morson）认为，陀思妥耶夫斯基的初衷便是撇开提纲写出一部小说。没有线性的剧情，故事也并

第四章 失败

没有蜿蜒、盘旋,向四周延伸,生出枝节,小说的统一便在于梅诗金性格的统一。他是个圣人,毫无准备地来到一群罪人中间,既无雄心壮志,又无迫切追求,无论面对何种情况,也都只想做正确的事。可他的意愿大多落空:基本没有事情如他所愿。

可梅诗金的生活仍旧——正如陀思妥耶夫斯基所期待的那样——非常美好。定义他的不是他所历经的种种失败,而是他的慷慨大方、他自始至终的谦虚和诚实、他对于谴责卑鄙之人的拒斥,还有他总把他人往好处想的笃信。他的结局并不美好。在他爱的两个女人中,梅诗金为了拯救其中一位而不得已背叛了另一位,可得救的女人却在婚礼上抛弃了他,最终被同她私奔的男子杀死。错就错在周遭的世界,即使梅诗金没能过上美好的生活,他也对各种糟糕的事件做出了尽可能好的回应。

如果你说梅诗金本身就是个失败,也不能完全说你错,只是没能抓住重点,因为我们不能这般看待梅诗金的生活。他在关心事情的结果的同时,也关心做什么事情是对的,而这一主题也得以在一段离题万里的内容中呈现:死于肺结核的虚无主义者(nihilist)伊波里特·特

人生维艰

伦耶夫（Ippolit Teréntyev）发表的一小时演讲。他的"忏悔"基于克里斯托弗·哥伦布（Christopher Columbus）的人生：

噢，请你们相信，哥伦布高兴的时刻并非在发现美洲之后，而是寻找美洲的时候；请你们相信，他最幸福的时刻是在发现新大陆的前三天，当时船员都已深陷绝望，不愿再继续旅程，几乎下一刻就要将船开回欧洲！重点不是新大陆，即使它突然消失也无妨……重点在于生活，也只在于生活——在于不断寻找，持之以恒，穷尽一生，而根本不在于寻找的结果本身！

七年后，陀思妥耶夫斯基自己也表明了同样的想法："快乐不在于得到快乐，而只在于为之付出的努力。"

换我来说，我会把这句话中的"快乐"换成"好的生活"，把"只在于"换成"还在于"。梅诗金公爵当然关心他行事的效果，即他真正能做成的事情，可他也在乎实现这一目标的过程——既包括旅途，也包括目的地。这个观点好像是陈词滥调，又好像自相矛盾，亚里士多

第四章 失败

德能帮助我们准确表述这一点。

在《形而上学》(*Metaphysics*) 中，亚里士多德对比了两种行为。一种是"未完成的"，例如学习或建造某样东西，因为"如果你正在学习，你在这时就并未完成学习"，同理，你正在建造，就说明你的作品并未建造完成，即便完成，那也是之后的事情。还有"另一种行动……而'完成'从属于这种行动"——这意味着它永远不会有未完成的状态。例如"思考"：你开始思考亚里士多德的那一刻，便已经想到他了。

亚里士多德把两种行为分别称为运动（kinêsis）和实现活动（energeia）。借用语言学术语，建造房子和学字母表都可以说成"目的性（telic）"活动：它们都指向最终状态，一到了这个状态就结束和穷尽了〔"Telic"源自希腊语"telos"，即"目的"，"目的论（teleology）"一词的词根〕。步行回家是目的性活动：一到家，活动便终止。结婚和生孩子同理，都是我们能够完成的事情。其他的则是"非目的性（atelic）"活动：它们不指向一个完成的终点。当你走路回家时，你也是在"走路"，因为走路无需特定的目的地。这就是一个非目的性活动，诸如此类的还有育儿、听音乐，和朋友一起打发时间。你可以停止做这些事情，而你最终也肯定会停止做。但你无法穷尽它们，因为它们没有界限，没有哪些结果的达成会将它们引向终结。

我们从事的事情总是既具目的性，也具非目的性的。例如，我正在撰写一本有关人类境况的书——希望能写完——我还在同时思考生活的种种不易，这是一项非目的性活动。再如，你教孩子系鞋带——希望他们能学会——但这也是在教育孩子。因此，问题并不在于你做的是这两类活动中的哪一类，而在于你觉得什么有价值。陀思妥耶夫斯基认为，有价值的是非目的性活动：关注过程，而非计划。这仿佛也是《薄伽梵歌》所要表达的意思："动机永远不应孕于行动的果实中"意味着"不要把精力用于完成目的性活动"。仅仅关注过程，我们仍会有所行动，但我们会"坦然接受成就与挫折"。我觉得这么说有些太过了，结果也很重要。孩子有没有学会自己系鞋带？医生有没有挽救过人命？有或没有，区别很大。可我们仍然不禁对目的性活动给予过多关注——关注计划是否完成——进而忽略了过程的价值，而一旦我们忽

第四章　失败

略，也就意味着否定当下，让自己走向注定失败之路。

面对目的性活动，我们往往只能从过去或者未来中得到满足，因为你的抱负要是没能实现，一切就结束了。更糟糕的是，你对你所看重的东西的投入是会自我毁灭的。当你追求一个珍视已久的目标，你会以成功为目标，期待得到不错的回报从而终止追求，这像是在试图摧毁你的生活意义的来源。与此同时，正是诸如此类的计划让你陷入面临失败的风险中。你也许会搞砸理想工作的面试，或是无法妥善管理工作团队，辜负了自己胸怀的抱负。

一旦重视过程，我们与当下、与失败的关系就会有所不同。非目的性活动不以终止状态为目标，从而源源不断，参与其中并不会让它们灰飞烟灭。我们可以停止行走，停止思考，停止同所爱之人交谈，但这些活动不会因此消失殆尽，让我们无事可做。或许有些令人困惑的是，亚里士多德也曾坚持认为，非终结活动同样具有"完成性（completeness）"，从而展现了"源源不断"的另一面："一个人能同时做到：正在观看与已经看过，正在理解与已经理解过，正在思考与已经思考过。"如果说非目的性活动能够实现的话，那就是在当下的意义上实现。你如果珍视思考，并且正在思考，那么你在当下就已经收获了所珍视的东西。无论你过去做过什么，抑或未来将要做什么，都丝毫不会对其有所损害。

亚里士多德认为，过好生活也是一项非目的性活动："如果正在学习，你便无法同时学到东西；如果正在接受治疗，你便无法同时完全治愈。但是一个当下生活过得好的人，就已经达成了过好生活这一目的。"例如梅诗金，无论最后的结果如何，他都过着应有的生活，这一事实让他免遭自己的种种失败带来的损失。

我们应该向梅诗金学习，通过实现非目的性活动的价值，来确保自己能抵抗失败。况且生活中也有很多事情，计划仅在其中扮演次要角色。例如，我们花时间同所爱之人共处，并不是为了更为有效地分工，以便做饭，更快解谜，一起观看《伦敦生活》(*Fleabag*)，这些不过是我们同所爱之人共度时光的方式。即便是在那些更强调计划的领域里，譬如在教育、工作、政治和社会生活当中，脱离成败的过程可能也很重要，而这往往遭人忽略。

第四章 失败

1650年初，掘地派实现共产主义的希望彻底破灭，一路撤退到科伯姆希思，这处大本营也受到了新模范军（the New Model Army）的武力威胁。虽然还有遍布米德兰地区（the Midlands）和肯特郡（Kent）的卫星根据地，但都岌岌可危了。杰勒德·温斯坦莱有种不祥的预感。"该结束了，"他写道，"我已竭尽所能引领贫民队伍推行公正。我寄之于文字，也付诸过行动，心愿已足。如今必须等圣灵（the Spirit）发力，赢得他们的心。"他继而撰写了生前最后一部作品《自由法纲领》（*The Law of Freedom in a Platform*），阐述了对于新社会的美好愿景，并在平静中度过了余生。温斯坦莱或许早已"精疲力竭，心如槁木，不再抱有任何幻想"，用克里斯托弗·希尔的话来说，这是一个政治失败者。但是，后世之人从他的失败尝试中觅得了价值，后世的社会主义者也纷纷缅怀这次自下而上、争取平等的斗争，还有一首名为《世界天翻地覆》（*The World Turned Upside Down*）的民谣向其致敬。2016年美国大选后，我常听英国抗争歌手比利·布拉格（Billy Bragg）的歌，听得如痴如醉。他翻唱的这首歌，铿锵有力，是我在音乐上的精神支柱。不管温斯坦莱感想如何，他的生活绝不是一场失败——不是看在他逝后的功成名就，而是在于他在反抗中体现的尊严，且反抗本身是一项非目的性活动。

在更日常的事情中，过程的价值也能确保我们免于失败。我们要做的只是在与我们息息相关——或与计划相呼应的非目的性活动中寻找这份价值。即便这本书永不出版，对"生活不易"这一问题的思考也具有价值；即便病人终究死去，医生对生命的竭力拯救也具有价值。诚然，这份保障也并非十全十美。消灭任何形式的失败不切实际，假装结果不重要也毫无意义，但是我们可以重新定义我们的生活方式、把失败放在一个不那么核心的位置。

这种心态转变的范围和局限以及其与佛教哲学的关联，是一部经典电影的主题。这部电影是由哈罗德·雷米斯（Harold Ramis）和丹尼·鲁宾（Danny Rubin）编导、比尔·默瑞（Bill Murray）主演的杰作《土拨鼠之日》（*Groundhog Day*），主要讲述了愤世嫉俗的天气预报员菲尔·康纳斯（Phil Connors）——由默瑞饰演——被派往宾夕法尼亚州（Pennsylvania）的旁苏托尼

第四章　失败

（Punxsutawney）镇，报道当地土拨鼠日的新闻。据说每年的2月2日，一只名为旁苏托尼·菲尔（Punxsutawney Phil）的土拨鼠会预测天气：究竟是春天会提前到来，还是冬天将再持续一个半月，这都取决于它能否瞧见自己的影子。一听就很吸引人。可菲尔却嗤之以鼻，只想回家，结果发现自己被困在了时间循环里，每天都是土拨鼠日。他重复着每天的生活，心境发生着改变，困惑、鲁莽、狂躁、轻生，直至归于平静。菲尔最终学会接受自己的命运，以及去爱身边的人，直到这一刻，他才得以解脱。新的一天开始了。

评论家一致认为《土拨鼠之日》是一部伟大的哲学喜剧，可对其哲学寓意却持有不同意见。或许这部电影旨在思索非目的性活动的价值所在。菲尔一直有所行动，可没有一件事真正完成。他的行动无法产生持久的改变，即便有些许改变，也会随着新一天的循环而重归于零。他的人生是一次非目的性态度的考验吗？光靠过程就能让生活变好吗？如果真是考验，那也有失公允，因为菲尔接触不到各类非目的性活动，他不能离开旁苏托尼镇同朋友一起相处，无法探索更为广阔的世界。这些事实提醒我们，尽管非目的性活动与失败的其中一种形态绝缘，但它们并非唾手可得，也并非轻而易举便能施行。因此，即使失败不是在有最终目的的计划意义上的，我们也可能在过好生活这件事上失败。

此外，菲尔可以造成事态的改变，至少是对他自己。他能记住被困在时间循环里的每一天，以及每一天的所学。待到生活重回正轨时，他已经学会了钢琴，成了冰雕大师，能说一口流利的法语，还能把一张卡片从数英尺高的地方扔在帽子上（掌握这些技能花了他多长时间？哈罗德·雷米斯在数字影碟纪录片中谈到，菲尔这一困就是十年，但这有点短得不现实了。据仔细估算，他被困的时间有三十四年左右）。

虽然菲尔坚持说"我现在很开心"，但他仍宛如活在人间地狱。正如我所承认的那样，计划是重要的。可菲尔的计划若不能说完全失败，那就只能说并没有成功实现。对于《土拨鼠之日》中生活的另一种解读，便是将其视为一则关于轮回（samsara）的寓言。所谓轮回，即佛教哲学设想的苦难循环，处于轮回中的人会遵循业报法则（the law of karma）在悲惨一生过后投胎转世。我们

第四章 失败

的目标则在于摆脱轮回，不再转世，进入涅槃（nirvana）的空无，而菲尔成功从轮回中逃脱，向着凡世奔赴。

佛教对这部电影以及人生的解读固然有其价值，但我也有自己不同的解读。于佛教而言，当下的力量在于现实的无常与空无，克服对人和物的执着，从脆弱、易逝和变化中解脱；于我而言，则恰恰相反，重视非目的性活动意味着将自我与当下联系起来。它无关空无，而系充实；无关超然或解脱，而系参与并关注当下发生的一切。菲尔因于循环中的生活相当贫乏：一旦涉及关乎他人的行动，他就什么事也完不成。但他充分利用了这段生活，学会如何过上更好的生活。它不再轻易受成败影响，注重计划，也注重过程。

我们又该如何实现这一转变呢？我们可能不会如此幸运，没法超脱时间之外，用三十四年的岁月来领悟。中年的经历让我明白，你根本不能选择自己在乎的东西。以我自己为例，在学术生涯摸爬滚打的二十年里，我把哲学变为了一系列计划，有些已成为过去，有些我仍在痛苦地追寻。我已经失去了对非目的性的、无止境的哲学活动的爱，所以我才会觉得每天都空洞无比，未来就像原地踏步，可我就是无法改变这种现状。我得改变自己，可这并不能一蹴而就。在《重来也不会好过现在》里，我写过冥想可以作为能让人重新适应非目的性活动的方式。将精神集中于呼吸、静坐，聆听声音，抛开未来的种种目标，这些都是在学习如何珍惜当下，培养我们发现遍布于日常生活中的非目的性价值。我至今仍相信这一切，但我未曾阐释清楚的一点在于，文化的强制力让自我转变艰难无比却又迫在眉睫。因此，我认为在那本书中的论述是失败的。在本书中我们即将看到，这种文化的强制力与将价值还原为财富的那种强制力联系甚密。

历来有一种观点认为，不只是计划，人也可以被归类为失败。在《天生输家》（*Born Losers*）中，历史学家史考特·山迪基（Scott Sandage）将其从大萧条（the Great Depression）时期一直追溯到19世纪中叶。彼时，"失败（failure）"作为指称人的名词被纳入词典。一个人不但会失败，还会成为失败者，这种思维是社会和经济变革带来的结果。美国自认为是孕育企业家的国度，

第四章 失败

以高额利润和良好信用来衡量商人的成就，信用报告的发明，使得信用成了将美国人定义为个体的标准。"信用报告不仅是一份银行存款余额单或个人推荐信，"山迪基写道，"信用报告还包含了道德、才能、财务状况、过去表现以及未来潜能，是一份总结性评判……信用报告用商品的语言来校准人的身份，是一流还是三流，是档次上乘还是一文不值。"

除此之外，个人主义的风尚也在兴起，市场上的成败仅取决于个人，而非社会环境。1860年，散文作家拉尔夫·沃尔多·爱默生（Ralph Waldo Emerson）谈了谈自己对这一思潮的看法，认为："一个人的运气好坏总是有原因的，能否赚到钱也是如此。"并非只有安德鲁·卡耐基（Andrew Carnegie）这样的资本家才崇尚这样一种信念，即成败是衡量人格的标准——卡耐基曾于1889年在《财富的福音》（*The Gospel of Wealth*）一书中如此宣称。在此之前三十年，奴隶出身，后投身于废奴运动的弗雷德里克·道格拉斯（Frederick Douglass）发表了他在今天最受欢迎的一篇演讲，题为"自造之材"（Self-Made Men）。"我不太相信那些自造之材口中的机缘巧合和好运使然，"他强调，"机缘固然重要，但勤勉必不可少。"

如果发现一个人达到了自己不及的高度……要知道，那是他比我们付出的更多，完成得更好，方法也更巧。我们熟睡时，他醒着；我们闲散时，他忙着；我们无所事事时，他明智地有效利用时间，提升自己的才能。

他总结道，"如果能力普通，运气平平，我们便只能用一个词来解释其成功，那就是奋斗！奋斗！！奋斗！！！再奋斗！！！！公平对待黑人，别再插手他们的生活。如果他活着，那好，别去干扰他；如果他死了，也好，也别去干扰他。如果他站不起来，就任凭他躺下吧。"

越是把生活理解为一番事业，认为成败取决于自身品质，也就越容易自我定义为赢家或输家，抑或成功或失败。纵观19世纪，美国人用财富衡量自我价值的倾向加剧。摧毁美国经济的金融恐慌不仅导致了贫困，给物质生活带来诸多不便，还让失败者的精神世界崩盘瓦解。1837年，正值美国经济危机，许多无力养家糊口甚至养活自己的人在羞愧之中匆匆结束了自己的一生。爱默生

第四章 失败

记述道,"这片土地满是自杀的恶臭"。

可见经济学家安妮·凯斯(Anne Case)和安格斯·迪顿(Angus Deaton)记录的当今美国的"绝望之死(deaths of despair)。"在19世纪早有先例,而当今的这类死亡无法仅用贫困来解释。自2015年起,美国的人均寿命就有所下降,而且下降的群体几乎全是未受过大学教育的白人。他们尽管平均收入高于同等条件下的黑人,但死于自杀、酗酒或吸毒过量的可能性也较后者高出40%。凯斯和迪顿认为,造成这种差异的原因在于,他们坚信努力就会成功,拒绝承认有来自体制的障碍,而且社会缺乏团结。换言之,原因在于他们认为失败的是自己,而非社会。

美国黑人更倾向于接受是不公平的社会结构阻碍了自己的幸福,这点可以理解。有些这样的社会结构已成为历史,例如被道格拉斯痛斥的奴隶制;而有些仍存于现实,例如作家塔那西斯·科茨(Ta-Nehisi Coates)所剖析的:

> 我逐渐清醒意识到,街头和学校是同一只野兽的双是……在街头失败的话,警察会知道你的堕落行径并把你抓走;在学校里失败的话,你会被停学,然后同样被

丢到街头,最后还是被警察抓走。我开始建立这二者之间的联系——学校里的失败给这些人在街头的堕落提供了辩解。社会说,"他本该坚持学业的,"然后就洗脱责任了。

"个人责任(personal responsibility)"这种说法,让社会结构逃脱罪责,而让自我陷入责备。它背离了如科茨所述的模式"学校直通监狱(school-to-prison pipeline)"以及大规模监禁背后的不公和社会资源浪费。

导致这种种失败的原因在于,自17世纪以来,资本主义经济推动着贪婪无度的殖民扩张和奴役——寻求新的市场、新的原材料,并俘获劳动力——加速着当代西方制造业的衰落。这一趋势从未逆转,反而不断加剧。就业两极化日益严重:糟糕的工作愈发糟糕——更不稳定,更多消耗,更少报酬——而好工作日益完美;待遇中等的工作则凭空蒸发了。经济不平等加剧。难怪千禧一代投入学习的时间比之前的任何一代人都多:似乎只有对自己进行"人力资本(human capital)"投资,才能让他们通过竞争激烈的大学录取考试,继而在日益缩减的高

第四章　失败

薪职场中获得一个位置。生活是个非赢即输的命题，而如今这一命题也愈发真切。

我们很难得知，生存和繁荣的手段的私人占有与满足所有人的需求之间能否协调，也许唯一的希望便是紧随温斯坦莱和掘地派的脚步，坚决否定土地本身可为私人所有（细想，无论为了满足何种需求，人如何才能绝对地占有土地、海洋或天空，这是个难题）。但是显而易见的是，任何改革方案都必须在满足物质需求之余，满足"财富决定生产力，生产力决定人类价值"这一意识形态。只要人的自尊与市场价值的生产挂钩，便总有人会"失败"，他们最多也就只能依赖于他人的经济成功——社会保险或全民基本收入（universal basic income）——来维持生计。占有性个人主义把我们描绘成利欲熏心的社会原子，它也许不是孤独的成因，却必在滋生失败的过程中举足轻重。

本章仅限于谈论资本主义体制下"目的性"活动的思维模式的发展历程，其他的章节或许还将探讨"工作伦理（work ethic）"的起源，即贪婪如何从个人的罪恶转变成了公共的善，或人们在基本食品上相互竞争的经济关系如何与社会团结相冲突。如今，基于累积和重复的经济思维模式业已渗透在生活的方方面面。我们计算网络"好友"数量，争求社交媒体得到的"点赞"数量，这都是在把人际关系商品化。少年时期对于哲学的热爱，在成年后沦为试图攀爬学术阶梯、在简历上增加履历的执念——这些东西不再是哲学研究的手段，而成了其目的。专注当下也许能帮助我们逃离：不把梯子扔掉，那就把它重新组装成它原本所是的工具。但这丝毫不会影响塑造我们内心的意识形态——与之共生的社会及经济结构就更不用说了。

虽然"失败单单是我们自己的过错造成的"这种想法是荒诞的，但是仅仅观察到这一点它并不能使我们从这种迷思中解脱。在上述引用的演讲当中，道格拉斯以一段让步开篇：

> 准确来说，世上并无自造之材，因为那意味着一个人从过去到现在完全独立，而这种独立永远不可能存在。
>
> 我们所能获得的最好且最有价值的东西，要么来自同时代的人，要么来自思想和发现领先于我们的先祖。

第四章 失败

我们都行乞过、借鉴过、剽窃过。

他接着直奔主题,即使知道成功建立在"公平竞争"之外的财富不平等之上,也不足以改变其文化意蕴。作为社会动物,我们会在意他人的眼光——比如,被当作赢家或者输家——我们无法脱离社会。我们需要的是改变社会。

因此对于失败而言,个人的就是政治的。我们既要承认社会和经济不平等构成了失败的结构性原因,又要承认我们关于失败的自我构想是有害的。我知道会有人对此持以下疑虑。我们都很清楚这些存在问题的结构如何伤害大家眼中的失败者,但是大家眼中的成功者可能根本不会在乎,即便在乎,也会不知道做些什么。不公正对未曾直接遭受过不公正对待的人有什么意义?还记得菲尔·康纳斯吗,那个困于时间循环里的人。让他得以解脱的,不只在于他对过程的态度,还在于他对周围人的无私、博爱和尊重。这对我们又有何启示?

第五章
不 义

在 2020 年底的一个平常的夜晚，我刷着手机浏览新闻头条。疫情摧毁了美国经济；数百万人失业或被迫在无医疗保障的危险条件下作业；与此同时，还有超级富豪愈发富有，头条上的数字多到需要我一个个数，他们就是能赚数十亿美元的极少数人。下一篇文章，讲的是疫情福利到期即将引发的一波止赎（foreclosures）潮；再下一篇是一个政治僵局，共和党人（Republicans）拒绝为延长现存援助期限的法案投票；再下一篇，武装暴动和内战迫在眉睫；再下一篇，民主的日渐衰落和法西斯主义的兴起。或者换一个主题，冰川融化速度之快震惊科学家、热带风暴、森林大火、土地干旱、洪水泛滥以及气候混乱的种种前兆……恐慌和不安让我心跳加速。

人生维艰

我知道自己并不孤单，毕竟这样的经历如今已经普遍到催生出了两个新词——"末日冲浪（doomsurfing）"和"末日刷屏（doomscrolling）"，系指沉迷于浏览源源不断的负面消息。逼迫自己放下手机后，我开始对世间的不正义愤愤不平，却又自觉无力改变现状。你或许也有同感，但我们都不是最早有此感受的人。第二次世界大战期间，哲学家西奥多·阿多诺从德国流亡到美国，他哀叹道："幸福，难道不就是用无法衡量的悲伤来衡量的吗？如今整个世界已病入膏肓。"悲伤能带来什么呢？它足以让人羡慕那些漠不关心的人，他们对于压迫、不平等和战争熟视无睹。如果不能拯救世界，那我也许该拯救自己。

情况是新的，问题却还是老问题：如果团结让人痛苦，为何还要关心正义？柏拉图曾在《理想国》中提出过这个问题，其第二卷便以一个思想实验开篇，这也是后世所有思想实验的鼻祖。《理想国》描写了苏格拉底同一群质疑正义价值的谈话者之间的对话。其中一位谈话者便是格劳孔（Glaucon）——柏拉图现实生活中的哥哥。他讲述了一位牧羊人在地震裂口处偶然发现巨人尸体的

第五章 不义

故事。牧羊人发现巨人的手指上戴有一枚金戒指,能让佩戴者隐形。"当他知道后,"格劳孔承认,"他立刻设法当上了向国王汇报的信使之一。抵达后,他勾引了王后,并在她的帮助下杀死了国王,接管了整个王国。"可能会有人觉得,这说起来轻巧,事实上并不会发生,可格劳孔这种老生常谈的想法正是我们所有人都会有的:

> 没有人会如此坚定不移,继续待在正义一边,忍着不去碰别人的东西,尽管他可以随意从市场上拿走任何想要的东西而不受惩罚,可以随意走进别人家里同想要的任何人发生性关系,可以随意杀人或把任何人从监狱中释放,甚至在人中活得像个神明一样,既是这样做,这个人与不正义的人做的事就没什么差别了,两人走的是同一条路。

所谓的正义,无论我们在乎,还是假装在乎,都只是因为自己害怕落人把柄。

根据心理学推测,格劳孔所讲述的故事怎么也站不住脚,它唯一的论据支撑只有格劳孔的犬儒主义

（cynicism）。现实生活中，不同的人有不同的方式来运用这种隐身能力。问问大家都各自采取什么样的方式想必会是一次有趣的哲学破冰。不过，上述故事中的那枚戒指，已经暗含了一个进退两难的境地：要是个人利益和道德发生冲突，直接选择能让自己利益最大化的事情去做不就好了吗？如果犯罪生涯能给你带来利益，那它在道德上是错误的又有什么关系？如果关心正义会带给人"无法衡量的悲伤"，那不关心不是更好吗？

谈及自己或别人生活中的不义，厘清问题的第一步在于认识到问题本身的混乱。哲学家路德维希·维特根斯坦认为，这是所有哲学问题的真相。他曾写道："哲学就是一场同以语言对理智进行的蛊惑的战斗。"通常情况下，这个骗术一开始便出现了："这个戏法的关键操作已经完成了，而我们往往认为它清白无辜。"格劳孔的戏法就是直接将道德和个人利益对立起来，而根本没有解释何谓"个人利益（self-interest）"。它如果意指快乐，即一种开心的心情或感觉——那么确实可能与对他人的权利和需求的应有考虑相冲突：关心正义的人可能会因世间现状而苦恼不堪，而不正义的人则可能怡然自得。可

第五章　不义

值得追求的事情不只快乐。在书的引言部分，我举了一个例子，假设玛雅的大脑插有精心设计过的电极，不断接受刺激，她意识不到她所见过的每一个人、自以为知道和了解的一切都是虚假的。她活得很快乐，但活得并不好，她几乎就没活过。如此一来，我们不妨假设自我利益所追求的不是快乐，而是人的蓬勃发展（human flourishing）：我们希望自己能过得好，而生活过得好的一个部分便是按应当的方式生活，感受有理由去感受的东西，做有理由去做的事情。如果我们有理由关心他人的权利和需求，那么我们就可以得出结论，如果不关心他们，我们也就无法过好自己的生活。这样一来，个人利益就与道德相符了。

但是从以上的讨论并不能得出我们确实有好的理由去关心他人的权利和需求，或他人有施加于我们之上的权利。如果确实有好的理由，且确实有这样的权利，那么道德就是好生活的一部分；反之，它就是个骗局。不过无论怎样，我们要讨论的问题并不在于面对道德和个人利益之间冲突时该如何行事，而在于我们到底该如何应对世间的不义。身处一个存在持续压迫、不平等或战

人生维艰

争的年代,生活过得好意味着什么?为了回答这个问题,不妨将目光投向一位道德圣人的工作和生活。

总有人会接受苦难的现实。哲学家西蒙娜·韦伊于1909年2月3日生于巴黎,她生前见证了第二次世界大战期间祖国被德国占领。在独自前往伦敦前,她和父母一起逃到纽约,沦陷的法国人民吃多少粮食,她就也吃多少。她的一生都在践行与祖国人民团结一致的信条。"当得知第一次世界大战前线的士兵得不到糖果供给,"韦伊的传记作者帕拉·尤格拉(Palle Yourgrau)写道,"年幼的韦伊便把巧克力戒了。"她当时不到十岁。二十年后,韦伊回到法国教书,总是把自己的工资分给有需要的工人。由于失业者无法负担供暖费用,她拒绝在家使用暖气。她还坚持在工厂和农场干活,繁重的劳动让她本就虚弱的身体日渐消瘦。她坚持工作到自己精疲力竭,无法跟上工厂生产线的节奏时才做罢休。她每天在葡萄园里工作八小时,"经常累得站不起来,为了继续工作只能躺在地上摘葡萄……天还没亮,她就在挤牛奶,还给蔬菜去皮,一如既往地辅导当地孩子完成"家庭作业"。1943年8月24日,韦伊因身患肺结核住进了肯特

第五章 不义

郡的一家疗养院。可即便如此,她仍旧只吃自我要求的那一小部分口粮,最终死于饥饿。她从未抱怨过一个字"我将死在多么漂亮的一间房里啊,"她这样描述自己生命即将终结的地方。

韦伊的自我牺牲存在一个可怕的逻辑。别人挨饿,她也不应该吃,给不了别人食物,便让自己挨饿,否则就不公平。她在高中时写的一篇文章里就谈到过自己的这一原则。这篇文章是写给"阿兰(Alain)"的——埃米尔-奥古斯特·沙尔捷(Émile-Auguste Chartier)的笔名,他是雷蒙·阿隆(Raymond Aron)和西蒙娜·德·波伏瓦(Simone de Beauvoir)等人的老师。韦伊讲述了公元前325年亚历山大大帝(Alexander the Great)率领军队穿越荒漠的故事。士兵用头盔盛好水给亚历山大送去,可他直接把水倒在了沙地上。如果喝下了水,韦伊写道,"亚历山大便会感到幸福……而这种幸福会让他有别于其他士兵……圣人都会把水倒掉,也就是说,圣人都会拒绝得到将自己和他人遭受的苦难相分离的幸福。"

韦伊超凡脱俗,却有种近乎非人的固执。她被家人亲昵地称作"巨魔(La Trollesse)",是阿兰眼中的"火星人（the Martian）"，是其他人眼中的"赤色贞女（the Red Virgin）"和"身着裙装的定言命令（the Categorical Imperative in skirts）"（定言命令，即伊曼努尔·康德对道德法则的严格表述）。1942年被困在伦敦时，韦伊曾发起一项运动，请求往战争前线空投一批护士，由她亲自带领。"乍一看感觉不切实际，"韦伊承认，"因为这太新奇了。"但是她是认真的。

韦伊生长在一个世俗的犹太家庭，但她在一生中对耶稣基督有过意义深刻的经历。她曾于1937年前往意大利宗教圣地阿西西（Assisi），并于次年来到了法国索莱姆（Solesmes）的本笃会修道院（Benedictine abbey）。她一直持异教徒的立场，无法接受上帝在《旧约》中的残酷行径，也无法认同会谴责非信徒的宗教。但即便韦伊在基督中看到了上帝，她也不认同上帝仅存在于基督里："我们无法确定上帝化身为前是否已有过类似的化身是否位列其中。"

除了对彼岸世界有所洞见，身为神秘主义者的韦伊还对我们所处的现实世界痛下针砭。1928年，在择优录取的巴黎高等师范学院学习哲学期间——韦伊在入学

第五章 不义

考试中获得第一名,哲学家西蒙娜·德·波伏瓦位列第二——韦伊帮助铁路工人建立了一所学校,让他们接受教育。她参与了各种各样的游行和罢工,曾与列夫·托洛茨基(Leon Trotsky)会面并对他做出批评,在西班牙内战(Spanish Civil War)期间发起过反法西斯运动。她用文字揭示了暴力(不限于经济暴力)在压迫工人中扮演的角色。她深谙政治宣传的力量,并提醒公众,不要因语言的误用而彼此对立。她也发现了哲学在其中的用武之地:"明晰思想,不信那些本质上毫无意义的词语,通过准确分析界定清楚其他词语的用法——这种做法看似奇怪,实则不失为拯救生命的一种办法。"

如果要找一个严肃对待世间不义和人类苦难,还不为自己不这么做找借口的榜样的话,那么韦伊就再合适不过了。可问题是她树立的榜样虽然鼓舞人心,但是难免让人不寒而栗。我自己就做不到韦伊那般对待自己的生活,而我们之中又有谁能做到?如果只有做到韦伊那样才算在乎不正义,也许我根本就算不上在乎,或者根本就不应该在乎。

正是这样的疑惑把我们引向哲学,我们要寻找一个能够证明我们应当在乎世间不义的论证。哲学家们已经尽力了。柏拉图在《理想国》中阐明，若灵魂之中没有正义则精神亦不健康，如果我们的灵魂是正义的，那我们也就不会对他人行不义之事。两千年后，伊曼努尔·康德表明，只有通过遵守道德律令，我们才能获得真正的自由，不能只把他人当作手段，也要把他人当作目的。然而，这些论点都无济于事，你永远也无法说服一个利己主义者去关心别人，在他们看来，每个人都应当追求自己的幸福，而不顾他人，这个观点本身是融贯的，并不内含矛盾。试图说服他们放弃这个立场，好比试图劝说一个立场坚定的阴谋论者，抑或一个相信外在世界根本不存在的怀疑论者。他们不会接受任何反驳他们观点的论证前提。

这不是因为他们是对的，而是因为我们又被骗了。认识到某个阴谋论不成立或者世界是真实存在的是一码事，而说服他人改变自己固有的想法是另一码事。我们问的是我们应不应该关心世间不义，而幻术师耍了花招把问题反了过来——我们能否向他证明我们应该关心？——而且我们还没有留意到二者之间的区别。我们

第五章 不义

可以在无法说服顽固的怀疑论者的情况下认识到正义的重要性。伦理学的工作并非让怀疑论者改宗。正如韦伊所讽刺的那样：

如果一个人受诱惑，想把别人的钱据为已有，他之所以克制住了自己，绝不是因为读过（康德的）《实践理性批判》（Critique of Practical Reason），而是因为尽管他有这种想法，但在他看来那笔钱本身在大声疾呼，让他物归原主。

如果不是正义本身已在大声疾呼，那么，阅读康德也似乎于事无补。

除了寻找论证，还有其他的办法吗？注意（attention），或者细读（close reading）。于韦伊而言，"读"是一种隐喻，象征着我们面对世界和思量如何回应世界时所做的持续不断的解释性工作。"所以在生活的每一个瞬间，"她写道，"我们都深陷自己从外部世界读出的表象之中……天空、海洋、太阳、星辰、人类以及周围的万物，都是我们自己所读出来的。"读是自发的，可想要读得好，

人生维艰

确实很难。

回想第一章提到的抄写员巴特尔比,他宁愿不辞职、不工作、不吃饭,不做任何事。他这些令人费解的想法用意何在?对《抄写员巴特尔比》一书的解读,如同对巴特尔比本人的解读一样,都是很难凿实的。梅尔维尔的故事有多少读者,也就有多少种解读:巴特尔比就是梅尔维尔本人,不为报酬写作;巴特尔比是存在主义者(existentialist);巴特尔比是虚无主义者(nihilist);巴特尔比是先验主义者(transcendentalist);巴特尔比是异化的员工;巴特尔比是激进分子或者反抗者云云。巴特尔比被卷入了一个冷酷无情的系统中,日复一日做着重复且毫无意义的苦差事,这个系统把同他一样的抄写员活活变成了一台台"人形复印机"。与此不同,丹·麦考尔(Dan McCall)在《巴特尔比的沉默》(*The Silence of Bartleby*)中给予了巴特尔比最大的同情,谴责了每一位把他视为一个象征符号的评论家:这是"在对他使用严重的暴力——把他所享有的沉默给剥离了"。我会尽量做到不把巴特尔比视为一个象征符号,尽管我要把这个素来沉默寡言的人纳入我的论证之中。

第五章 不义

巴特尔比的最佳读者要数叙述他故事的那位律师了。总有评论家谴责梅尔维尔书中的叙述者是资本主义剥削的象征，对巴特尔比的人性视而不见，可他们这种批评也是在对律师使用暴力——他们否定了他作长篇叙述的能力。虽然我们说律师没能看清巴特尔比的人性，但至少他一直在努力试图搞清楚。他没有使用简略的偏好性词汇——巴特尔比的口头禅"宁愿不"——来描述巴特尔比，相反，他一次又一次地尝试用繁复的文辞来理解他："我现在看到这个人了，"他写道，"整洁得毫无生气，体面得令人同情，孤独得无可救药！这就是巴特尔比。"面对拒绝服从命令的员工，律师不知所措；紧接着，一系列复杂的表达不断涌现。

巴特尔比"满脸惨白透露着绅士般的冷漠"，还有他的"无能的反抗和些许的放肆……喜人的温和……形单影只的痛苦……轻描淡写的傲慢……厉行节约的寡言……枯燥无味的顺从"。此刻的他"泰然自若""安然自处"。

我不是说那位律师早已摸清了巴特尔比的底细，他摸不透的，试图通过语言了解巴特尔比，无异于试图徒手搂住幽灵，最终他抓到的只能是自己。但那位律师一直在尝试公正地对待一个有血有肉的人，并点明能指引他行动的真相。他对巴特尔比很有耐心，连自己的家都让他住：我们需要将这些事实与律师慷慨谦恭的措辞放在一起来看。

梅尔维尔笔下的律师让我想起了艾丽丝·默多克一个思想实验里的母亲，在该实验中，只以"M"代称。M发现自己的儿媳D"冒失随便，轻薄无礼，莽撞草率，总是幼稚得令人厌烦"——但在慢慢意识到这些都是个人偏见后"她的印象逐渐……改变了"。"如今看来，D其实并不俗气，而是简约地令人耳目一新，不是轻浮而是率真，不是闹腾而是欢愉，不是幼稚得令人厌烦，而是年轻得令人心旷神怡，如此这般。"默多克认为，通过改变自己的感知，这位母亲可能才得以见到真实的儿媳，这种真实不是来自关于日常生活的准科学的中立知识，不论这种知识是什么，而来自……对于事实上所发生的精致而诚实的感知……这种感知不仅仅是你睁开眼睛就能获得的，还需要对某种道德训练极度熟稔。

这便是韦伊和默多克对于"注意（attention）"的理解。最先在道德层面打动我们的不是逻辑推理，而是对

第五章 不义

事实上有什么的努力领会。我敢肯定，有更多人是在阅读各类文字描述或目睹工厂化农场（factory farm）的图片之后成为素食主义者的，而并非基于后来也许很有说服力的论证。世间的不义和人类遭受的苦难亦是如此。阅读手机里的头条新闻时，不需要任何论证就会感到心中震颤。令我震颤，只需要单纯的吸收——不单单将它们看作几条信息、几次点击，更是作为他人生活的见证。默多克写道："越认识到他人的独立性和差异性，越意识到他人同自己一样有难以满足的需求和愿望，我们也就越难把对方当作物来对待。"这并非纯粹的猜测。考虑到有人会在冒极大风险的情况下帮助陌生人，在一项别出心裁的利他主义（altruism）研究当中，政治心理学家克莉丝汀·门罗（Kristen Monroe）试图寻找他们的动机："利他主义者有着不同的看待世界的方式，"她对此确认无疑，"他们之所以这般行事，是因为意识到了……需要帮助的陌生人同为人，所以他们享有受到某种待遇的权利。人性，再加需求，这就是他们仅有的道德推理，这是利他主义仅有的计算。"

挑战在于如何保持这番愿景，而不是对周围人置若罔闻，抑或将新闻头条视为空话。在反思保持同情的困难性时，韦伊告诫道："思绪如动物逃离死亡那般逃离苦难，其疾如风，势不可挡。"我扫了扫手机上的新闻，不断滑动着手机屏幕就好比在浪尖冲浪，而不是在深水区游泳。遇到烦恼时，我忘了曾经谋面的每个人都有自己的烦恼，同我的一样，迫在眉睫，千真万确。这也是为什么你正在阅读的这本书也能服务于一个道德的目的，虽然它只相关于你我人生中的困难。思考人类生活的不易时，我一直在思考自己，却也不禁思考他人，想到人类境况千奇百怪，他们遭受的苦难还有很多我未曾经历过。

我们谈到了身体疼痛的深度，那使得对过去、未来的自己以及他人持同情的态度得以可能；我们谈过适应身体残疾所面临的挑战，其中大多都是偏见和设施不便所加剧的；我们还谈过在孤独和悲伤中对于依恋的需求，它展现出了人类生命的尊严。我们发现，爱是一种道德情感，只有在对方身上发掘出一种爱意消退后也不会消逝的价值，才算真正爱上了对方。即便没有你这个施爱者，这些价值也很重要。而且由于任何人都可以被爱，可见

第五章 不义

任何人身上都有这样的价值。

韦伊和默多克两人均从"注意"延伸讨论到了"无条件的爱"。"在世间所有人之中,"韦伊写道,"只有所爱之人的存在得到了我们的充分认可。""友爱具有某种普适性,它由对每一个人的爱组成,就如我们应当爱每一个作为人类一分子的灵魂。"默多克认为:"爱是对个体的感知。实现爱极其艰难,它让人意识到除我之外还有其他人真实存在。"不过,在这里真正重要的并非对于普世之爱的追求,而是爱与尊重之间的连续性,我们在爱中所寻求的价值,正是不义所侵犯的价值。正义和爱并非两种毫不相关的价值——譬如真和美一样——而是同一种好的不同方面:一个是我们理应给他人什么的下限,另一个是我们之间生活不同程度的上限。

从某种程度来说,让爱和公正变得如此艰难的,是逃离痛苦的冲动,还有默多克在我们所有人心中发现的"膨胀无情的自我"。但也存在外部障碍,意识形态扭曲了社交世界,让我们无法看到世间真实的样子(例如,生活由计划定义,每个人由成败定论的意识形态)。哲学虽然无法证明我们应在对人不管不顾时给予关心,但却有助于阐明何为世间不义，并揭示出我们应对此采取何种行动。这里就是论证发挥作用的地方，但单有论证还不够，我们还需要思想的明晰——韦伊对政治宣传的反抗——和概念的颠覆。用默多克的话来说，"道德哲学家的任务在于同诗人那般，扩展语言的边界，让它给原本黑暗的区域带去光明"。我们所身处的黑暗，便是世间的不义和对此无能为力的感觉。哲学能否在这些问题上带来光明？

尽管柏拉图《理想国》的开篇让格劳孔的隐形牧人对正义嗤之以鼻，但后来的话锋突然转向了政治。对话的大部分内容都在描绘柏拉图的乌托邦——美好城邦（kallipolis）的构成。在这座城邦中，所有公民被分为三个等级：哲人护卫者（philosopher-guardians）负责统治城邦，辅助性的护卫者（auxiliary guardians）负责守护城邦，生产者（producers）负责满足城邦的物质需求。护卫者不得有私人财产，所有的家庭都被取消，孩子由人们集体抚养。城邦的正义落实在每一个人坚守自己被分配的职分之上。

柏拉图设想的是一种高压统治，公民强制工作，子

第五章 不义

女集体养育，这很难被后世的哲学家所接受，也是意料之中。不过，他们往往和柏拉图有着共同的雄心壮志：描绘出一种完全正义的社会秩序。这一抱负历经沉浮，直至1971年，政治哲学家约翰·罗尔斯（John Rawls）出版了《正义论》（*A Theory of Justice*）一书，再次为该领域注入了新的动力。罗尔斯认为，政治哲学始于"理想理论（ideal theory）"，该理论描绘了一个完全正义的社会，这个社会在"严格服从（strict compliance）"下得到治理——所有人服从正义原则——且物质益品（material goods）充足。罗尔斯称其为"现实的乌托邦（realistic utopia）"，它"如其所是地（as they are）"看待人，并且"如其可能是地（as they might be）"看待法弄清楚了乌托邦后，再转向"非理想理论（non-ideal theory）"，它处理的是我们实际所处的环境，它告诉我们要用道德所允许的最有效的手段来努力追求乌托邦的理想。

读完序言时你可能已经预料到了，我不认为政治哲学应当始于完美正义的愿景，正如伦理学不应始于亚里士多德的理想生活一样。我们无须为了分辨世间的不义而先去绘制乌托邦的蓝图。看看过去和现在的美国：掠夺、杀害原住民，奉行奴隶制度，重建时期（Reconstruction）受挫不断，实行吉姆·克劳法（Jim Crow Laws），推行"红线政策（redlining）"，实施大规模监禁，警察暴行（police brutality）层出不穷，选民压制（voter suppression）时有发生。即便没有理想理论的帮助，我们也会觉得这些事情是不正义的。而且理想理论不会给出解决问题的办法，因为它本身就是从压迫结构中抽象出来的。更糟的是，它还会模糊这一结构（乌托邦就没有看到种族的问题）。

总之，我们能否构思出一个理想的世界仍存疑问。20世纪中期，法兰克福学派（Frankfurt School）哲学家发展了"批判理论（Critical Theory）"，其洞见之一就是意识形态扭曲了我们对于人类可能性的认识。例如，我们很难不把工作的技术自动化——自动驾驶汽车、机械化仓库、电脑化数据输入——视为对就业的威胁，数百万人会因此陷入贫困，而不会把它看作将人们从辛劳中解放出来的好事。这不只是一种现实主义的态度，即一种对当下政治可行性的妥协，它还有某种意识形态在背后支撑，即生产性劳动是人的自尊的来源。人们忘却了生

第五章 不义

产性劳动和自尊的联系可能就源自过去由这一联系加以解释的经济体系本身。如果根本没有人需要工作,"失业"还会让人觉得失败吗?我没说不会,只是想说,我们不可能知道在与我们目前的经历完全不同的社会安排下,人类的生活将会是什么样子,即我们是如何与工作和他人联系起来的。

因此,政治哲学不应将完美的正义理论化:我们无由描绘一个理想的世界。相反,它应该帮助我们认识周围世界所存在的问题,以及我们必须采取何种措施来改善它们。社会批判理论奠基者西奥多·阿多诺正是这样看待政治哲学的,在他于第二次世界大战后出版的断片集《小伦理学》(*Minima Moralia*)中,阿多诺拒绝想象"社会完全解放"或"人类所有的可能性得到实现"。他坚持认为现今不能以解放为目标,因为我们根本不知道诸如此类的词意味着什么。从历史的残骸中解读人类潜能无异于依赖焦干土壤中的样本研究植物,我们只能看出它们缺少水分,却看不出它们开花时是何种模样。对于阿多诺而言,"体贴只存在于最朴拙的需求中:没有人应该挨饿"。即便我们无法设想乌托邦,也至少能回应未得到满足的需求。

这个要求做到了道德上的明晰，在某些层面上是对的，但也有所疏忽。因为它不禁让人联想到当时风行的"有效利他主义（effective altruism）"，即无论如何都应以效果最显著的方式帮助有需要的人。例如，威廉·麦克阿斯基尔（William MacAskill）和彼得·辛格（Peter Singer）等有效利他主义者认为，富人应付出更多来帮助穷人。他们进一步指出应当把钱投入到效果最显著的慈善活动中，他们还机智地用每增加一个"质量调整生命年"（quality-adjusted life years）所需的钱数来量化慈善的效果（蚊帐和抗疟疾药物是效果最好的）。有人批评有效利他主义者，称其忽略了政治因素，未能考虑导致贫困和人类苦难的社会原因：政治化的解决方案难以量化。但除此之外，他们也忽略了责任问题，因为有效利他主义者对所有需求一视同仁，可实际上有些需求对我们造成的影响更大。身陷人类苦难的源头时，我们同苦难之间的道德关系就比身处其外时更紧迫。

哲学家能帮助我们厘清上述缠结。政治理论先驱、57岁死于癌症的艾利斯·马瑞恩·杨（Iris Marion

第五章 不义

Young)提出了"结构性不义(structural injustice)"的概念——这种不义并不局限于一个人不正义的态度或行为,而是源于人际的互动——并且提出了一种责任的"社会联系模型(social connection model)"。这些概念有助于照亮我们面前的黑暗。

当不义是结构性的时候,至少就部分而言,其产生和维持并不依赖于偏见和特定的不义行为。即便没有人出于性别的原因歧视女性的能力或拒绝她们就业,但是某些特定的性别分工,如主要由女性来承担无薪育儿和家务劳动的工作,仍会系统性地让她们身处不利的境地。不义并不建基于任何特定的排斥态度或行为,而建基于我们的集体期望,因此它本质上是结构性的。

杨认为,我们应为结构性不义负责,其论证的根基在于区分罪责(culpability)或责备(blame)与对改变的责任这两者。例如,虽然因为美国有种族主义历史而批评如今的美国人很不公平,但是我们目前的体系仍受其遗毒的牵连。就教育而言,美国的各大城市实际上处于种族隔离状态。由于学校的运转依赖于地方税收,而黑人社区过于贫穷,因此平均而言,黑人社区学校的资金会比富裕社区的学校的资金少。教育机会的平等简直就是天方夜谭。虽然这种结构不是我造成的,但是我也深陷其中,毕竟当时在马萨诸塞州布鲁克林镇(Brookline,Massachusetts)买房,部分原因就在于中意那里出类拔萃的公立学校。"责任的社会联系模型认为,个人对结构性不义负有责任,"杨写道,"因为是他们的行为导致了不义结果的产生。"她这话就是对着我说的。

杨的观点不是为了让我们感到负有罪责或羞耻,而是为了让我们意识到每个人都肩负着为改变而努力的义务。这才是她所说的"责任"。我希望自己的孩子能受到良好的教育,并且也不需要为学校的资助方式受到责怪,这或许都没错,但这些不义现象的出现也有我的一部分责任,我应该倡导改革以匡正不义。杨的模型不仅适用于助长不义之风的社会实践的参与者,还可以延伸到过去的不义行径的受益者。许多美国人如今受益于已成历史的奴隶制和对殖民地的侵占,这也在一定程度上解释了白人家庭和黑人家庭之间财富中位数(约 18.8 万美元和约 2.4 万美元)的巨大差距。虽然有关原住民的数据少之又少,但是根据 2000 年的一项调查,美国原住民的个

第五章 不义

人净资产中位数为 5 700 美元,这一数字自 1996 年起还在下降。我们是不义行径的获益者,但这并不说明我们应该对收入的悬殊差距负责。

面对这样的现实,我们该何去何从?"这是一项几乎无法完成的任务,"阿多诺写道,即"既不让他人的力量,也不让我们的无力把自己吓倒。"杨认为,我们的责任(accountability)"主要并不是向后看,否则就同罪责和错误的归因一样"。这无关责备,而关乎政治能动性:"为结构性不义负责……就是要与其他人开展集体行动,进行结构改革。"杨承认,这份义务让人望而却步:"我的行动在众多社会不义背后的结构的形成过程中起到了推波助澜的作用……如果要我为所有这些社会不义负责,那么我将不堪重负。这种想法使人麻痹。"可面对麻痹的正确反应不应是不作为,而是要迈出第一步,去做一件事。

我承认——或者说,坚持认为——自己并不是可供效仿的榜样。我没有做过太多贡献:时不时参与游行和政治运动,定期投票,同朋友谈论政治——所有这些都收效甚微。杨直接向像我一样的旁观者抛来一个政治哲学家本·劳伦斯（Ben Laurence）所说的"变革的施动者问题（the question of the agent of change）"。光分辨正义与不义是不够的，投票给自己青睐的政客也是不够的，他们往往对我们期待的变革漠不关心或百般阻挠，而单独行动也往往是徒劳。我们的任务是找到集体的施动者——运动、工会、利益集团。它们有能力，也有意志成就一番事业。

我不算是个社会活动家，更不是领导者，可世间的不义时常让我难以忍受。如果你深有同感，我的建议是，先选择一个议题，然后加入一个关心此议题的群体。气候变化正是我关心的议题，我加入的群体是麻省理工学院"无化石燃料"组织（Fossil Free MIT）。

有关气候变化的伦理问题有时会被框定为对未来行善的问题：为后代留下一个足够美好的世界，而事实上，它无论在过去还是现在，都引出了一系列不义问题。地球上的部分地区虽然不是造成气候变化的罪魁祸首，但是却承受了更为严重的风暴、洪涝、干旱、农作物歉收、水资源短缺以及难民危机，这些无一不是气候变化所带来的后果。地球温度较1850年已高出1.1摄氏度（2华

第五章 不义

氏度），并将在 30 年内达到高出 2 摄氏度（3.6 华氏度），届时孟加拉国将有 100 万人因海平面上升而流离失所；而中非的降雨量将减少 10%~20%，再加上当地较高的气温，后果不堪设想。与此同时，随着高山冰川的消失，中亚和南亚地区有数亿人将失去淡水。如果高出的温度超过 2 摄氏度，地球面临的形势将会更为严峻。然而，造成气候变化的气体排放物有半数以上源自发达国家，可它们所受的影响却并不很大。把视野范围缩小至 1990 年——这是最后期限，过了这一年，人们便绝不能合理宣称自己对气候变化毫不知情，可以发现，美国和欧洲的碳排放量占全球 25% 以上。即便美国把人均碳排放量控制在当前水平，排放量仍然接近全世界的 12%，而美国人口甚至不到世界的 5%。另一边，在撒哈拉以南的非洲，人均排放量才及美国的二十分之一。

为了自身利益而对他人造成重大伤害，这显然不义。格劳孔的牧羊人隐身后所行之事便是如此：他杀死国王，夺取王位。我所生活的国家颁布的政策出资支持引发气候变化危害的活动，却很少采取严肃的措施来减轻或预防这些危害。我和所有人一样，身陷化石燃料经济中。作为参与者和受益者，我对这种不义负有责任，所以有义务采取行动。可在生活中的大部分时间里，我很少行动，甚至根本不付诸行动。我不知道该做什么，但我也没有特地研究该怎么做。我有点担心自己的碳足迹（carbon footprint）。这完全合乎情理，但远远够不上对改变现状所需的集体行动的参与。2007 年，麻省理工学院的一个班级计算出了美国本地一位流浪汉的碳足迹。他生活在没有电网的环境中，只能依赖由化石燃料供能的基础设施，可即便如此，他的碳消耗量依旧是撒哈拉以南地区人均值的十倍。这是系统性问题。所以说，英国石油公司（British Petroleum）疯狂推广让大家关注个人碳足迹的想法并非偶然——为的就是转移人们对企业责任的关注。

2014 年，我来到麻省理工学院，情况有了变化。我所抵达的校园，四处装饰着貌似是当代艺术品的东西：4 英里长的蓝色警戒线一路延伸，贴在校园建筑和景观的外立面上。警戒线高度不一，通常离地面几英尺高，有时低垂至脚踝，在我走向办公室的路上陡然升高到了腰部，直接划过了几扇门和窗户。仔细一瞧，上面印有一

第五章 不义

行文字:"全球变暖洪水等级——看啊,麻省理工学院:远离化石燃料。"这条蓝色的警戒线是"无化石燃料"组织的学生布置的,标示着预计2050年的海平面将导致的5英尺的风暴潮所能让校园达到的洪水等级——类似于2012年袭击波士顿的风暴潮。麻省理工学院将被浪潮所吞没。

布置完警戒线后,学生们又发起了由麻省理工学院主办、为期一年的气候变化对话(Climate Change Conversation),由学生、教职工和行政人员组成的委员会将制定政策建议。关注重点之一是撤资:撤回学院对化石燃料公司投资的180亿美元。无论是反对英国奴隶制的制糖抵制,还是反对南非种族隔离制度的撤资运动,金融抵制自古以来便能有效地向顽固不化者施压。委员会最终以9票赞成、3票反对的投票结果,认为学院不应再继续使用煤炭和沥青砂这两种对环境危害最大的化石燃料,还一致同意成立道德咨询委员会(Ethics Advisory Council),专门审查学院投资的拨款去向。

可夏天过去了,我和学生们都非常受挫,只能眼睁睁地看着学院宣布:经"法人团体(Corporation)"——

人生维艰

学院董事会——商议得出，学院有史以来的第一个气候行动计划（Climate Acition Plan）将不接受学院自己的委员会的提案［大卫·科赫（David Koch）作为坚决反对美国气候立法的第一人，他当时是学院法人团体的终身成员，也是麻省理工学院最大赞助者之一］。学院既不会撤资，也不会成立道德咨询委员会。

自那时起，我便更为严肃地参与这些活动当中，组织了针对这一决议的教职工抗议，还大力支持占领校长办公室外面走廊、提出更多吁求的学生。学生们率先行动，我和其他教师紧随其后，提供食物和道义支持。只有寥寥几人带着一腔热血静坐在走廊里示威，虽然有时显得非常俗套，但在持续了漫长的四个月后，抗议终究在2016年春天有了成效。学院董事会作出了让步，虽然不同意撤资，但允诺成立咨询委员会，负责跟踪学院与化石燃料公司"接触"战略的进展，同时成立一个论坛，专门讨论气候变化的伦理问题。这样的结果仍不够理想。但是六年后，麻省理工学院撤资组织（MIT Divest）成立，这个新的学生团体再次给管理部门施压。

我之所以讲述这个故事，并不是因为它有关成败，

第五章 不义

而是因为它足以说明变革的施动者的必要性。我之所以能克服惰性，是因为找到了集体行动的聚焦点，这使得我有切实的机会带来改变。学院不能忽视学生的诉求，否则无论怎么说，对外宣传出去都有损学院形象。正是因为那群学生，我们才有了气候行动计划。即便结果仍不尽如人意，但这是我离艾利斯·马瑞恩·杨所剖析的对正义的责任最近的一次。

我曾说过自己并非可供效仿的榜样，这仍是事实。自2015年起，我在各地多次就气候正义主题发表演讲，还就此话题展开线上讨论。三年前，我与一位学院同事共同开设了一门课程，专门探讨气候变化有关的伦理问题。我知道这些都不足挂齿。教授这门课有什么意义？为了提高大家的关注度？也许吧——可如果本就关心这一话题，还有选这门课的必要吗？我的初衷其实是想建立一个社群，加深大家对所面临问题的理解。我希望选课的学生能肩负起我未能承担的责任。我没能付出更多，我也自觉负有罪责。

你可能也有这样的负罪感，尤其是对于那些最令你困扰的问题：大规模监禁、贫困问题、选举投票、公民权。我们是否已竭尽所能地对抗世间不义了呢?这个问题针对的是所有人,只是对于像我这样的哲学家来说,这个问题有其特殊的形式,即理论和实践之间的亘古争论。卡尔·马克思的关于路德维希·费尔巴哈(Ludwig Feuerbach)(德国哲学家、人类学家)的第十一条提纲举世闻名:"哲学家仅仅在用不同方式解释世界,而关键在于改变世界。"在谈论变革推动者的文章结尾处,本·劳伦斯指出"学术生活使得哲学家和变革的施动者划清界限,尤其是当这些施动者遭受严重的压迫和不义对待的时候",而他的惶恐在西奥多·阿多诺的学术和生活中得到了集中体现。

阿多诺于1903年生于法兰克福,父亲是名酒商,母亲曾是名职业歌手。他自己也是个天才,12岁便能演奏贝多芬(Beethoven)的钢琴曲。此后他跟随阿尔班·贝尔格(Alban Berg)学习作曲。不过,他是作为法兰克福学派的批判理论家而闻名于世的,该理论意在揭露阻碍人类繁荣的意识形态。1932年,身为犹太人的阿多诺被禁止继续在德国教书。两年后,他前往牛津,师从英国哲学家吉尔伯特·赖尔(Gilbert Ryle)。阿多诺的那篇批

第五章 不义

判爵士乐的文章正是在牛津写的，并以赫克托·罗威纳（Hektor Rottweiler）这么个有模有样的笔名发表。流行文化并不合他的胃口。

1938年，阿多诺搬到纽约，然后又迁至洛杉矶，这座城市当时是许多德国移民的聚居地，包括剧作家贝尔托·布莱希特（Bertolt Brecht）、小说家托马斯·曼（Thomas Mann）和作曲家阿诺尔德·勋伯格（Arnold Schoenberg）。彼时的洛杉矶被后世戏称为"太平洋上的魏玛（Weimer on the Pacific）"。在美期间，阿多诺撰写了最著名的几本书：《启蒙辩证法》（*Dialectic of Enlightenment*）[与他的批判理论战友马克斯·霍克海默（Max Horkheimer）合著]、《新音乐的哲学》（*Philosophy of New Music*）和《小伦理学》（*Minima Moralia*）。1949年，阿多诺回到法兰克福，直至二十年后离世，其间还完成了两部巨著：《否定的辩证法》（*Negative Dialectics*）和《美学理论》（*Aesthetic Theory*）。

之所以特意提及阿多诺，是因为他虽在马克思的影响下严厉地批评工业资本主义，但已或多或少放弃了建设性的政治参与。他的消极态度一以贯之，有时甚至颇有喜剧色彩。在《小伦理学》中，他有时读起来既像是学识渊博的哲学大师，又像是牢骚满腹的街头大叔，辛辣地批评日常生活中的琐事。他曾写道：

我们正日渐忘却如何送礼，给予的真正乐趣在于想象对方收到礼物时的快乐。它意味着对礼物的挑选，耗费时间，独具只眼，将他人视为研究对象：需要将精力完全集中。如今连这一点几乎都没有人能做到。充其量，他们不过给了对方自己原本想要的东西，恰好又没心仪到想要纳入自己囊中的地步。

这番抱怨的背后实则是一幅令人不安的世界图景："哲学家过去所理解的生活，已归入私人存在的范畴，如今更是仅仅停留在消费层面，生活成为了物质生产过程中的附属品，不存在自主性，也失去了自己的实质。"人同行尸走肉一般，毫无蓬勃发展的前景。

阿多诺目睹了第一次世界大战结束时德国革命的失败。那场由历经战争洗礼的工人阶级领导的社会主义革命在一年内被魏玛共和国（the Weimar Republic）的中间

第五章 不义

派联盟镇压。阿多诺担忧，如果无产阶级（proletariat）无法发挥马克思所设想的变革作用，那么变革的施动者就将不复存在。他别无选择，只能退回学术界研究社会矛盾，等待社会环境发生巨变。同时代的格奥尔格·卢卡奇（György Lukács）对阿多诺的退隐嗤之以鼻："德国有相当一部分包括阿多诺在内的知识界领军人物，"他写道，"早就入住'深渊大酒店（the Grand Hotel Abyss）'了……那座美丽的酒店，伫立在深渊、虚无和荒诞的边缘，享有一切安逸和舒适。"

卢卡奇所言不无道理。1968年，学生抗议的浪潮席卷法兰克福，阿多诺曾报警，要求逮捕学生，结果上课时被学生中途打断，要求他道歉。闹腾得最厉害的时候，一群女生"袒胸露乳，把他围在讲台上，在他身上撒下玫瑰和郁金香花瓣"。阿多诺连课都不上，逃之夭夭了。学生们成为激进分子后——如1967年安吉拉·戴维斯（Angela Davis）从法兰克福回到美国加入黑豹党（Black Panthers）——阿多诺对他们付出的努力视而不见。"阿多诺曾暗示过，说我那个时候想直接参与激进运动中，无异于说一位媒体研究学者下定决心成为一名无线电技术员，"戴维斯后来写道。她日后成了一名哲学教授，美国联邦调查局通缉的十大政治煽动分子之一，同时也是名卓有远见的监狱-工业综合体（the prison-industrial complex）批评者。

于我而言，阿多诺的故事具有警示意义：一名如此杰出的思想家说服自己用教学和写作代替反抗。这无疑是学术工作的职业危害，一种智识上的背信弃义。即便努力有时确实见到了实际成效，但我们仍可以做得更多，以此履行维护正义的职责。所有人也都一样：谁敢说自己已经做得足够多了呢？

另一方面，阿多诺也提供了教益。他之所以退回学术界潜心研究，之所以抱有如此悲观的态度，是因为他相信——用《小伦理学》里的话说——"本就错误的生活再怎么过也不会重回正轨。"他想表达的是，如果一个社会的方方面面都受到了不义现象的玷污，那么我们就根本无法过上好生活，我们甚至都无法获知好生活是什么样的，此外，他的这句格言还蕴含了一则更为平凡的真理。身为人类，在要求自己正确地生活的问题上，我们是有限度的，并非所有人都——也许根本就没有人——

第五章 不义

能成为西蒙娜·韦伊。我们能够如何生活取决于自身的心理状态和社会环境，对社会世界的偏倚性认知，内心宁静的需要以及对亲友应尽的义务（这里有些困难的问题：蒙受不义之人生存尚捉襟见肘，更遑论指望他们做些什么了）。我们虽然知道自己是有限度的，却根本不知道这些限度在哪里。这就导致，每每自问是否尽力履行维护正义的责任时，如果我回答"是的"，那一定会有相当大的碰巧成分。我有多大概率确实尽了自己最大的努力，确实触及到了这个上限呢？接近于零。因此，我几乎确定自己没有达到上限，这也许显而易见。同样的道理几乎对所有人适用，包括那些比我付出更多、甚至为社会变革穷尽一生的人，他们也无法确定自己是否已经做得足够多了。如果世间不义靡然成风，我们就不得不怀疑自己是否真的过上了好生活。

从以上的讨论中，我们能收获一些启迪和慰藉，首先，我们不该因自己的愧疚而太过悲哀——感到内疚并不是什么过错。更重要的是，不该深陷能力微小的自责当中，从而毫不作为。也许我们的所作所为微不足道，但是因此望而止步，甚至举手投降，实在说不过去。朝正义迈出的每一步都意义非凡，迈出一步便会有下一步。纵使单凭一己之力很难有所作为，但万众一心的洪流正是由个体的努力汇成的。而且集体行动能够以任何规模开展，小到地方工会，大到抗议和政治运动。

放眼人类遭受的种种苦难，有些人会感到绝望："无论做什么都无济于事，"他们会说，"因为还是有数以百万计的人在受苦。"可这种想法本身就很糊涂。你也许确实做得不够，但拯救一个人的性命和从两个人中救出一人，甚至从两百万人中救出一人，二者产生的影响毫无差别。一次抗议也许不足以改变世界，但却增加了改变的可能性。我们不该忽视这一增加的可能性。同理，我们也不该因为知道有人遭受着更多的痛苦，而拒绝把同理心给予自己。"这可能是我有史以来学到的最为重要的一课，"诗人理查德·雨果（Richard Hugo）写道，"也可能是一个人能教予他人的最为重要的一课：你也是个实实在在的人，你也有权过自己想要的生活。"当然，你也有权对抗自己的苦难。

阿多诺最后一点让我感同身受的，便是他对于艺术和抽象思维的迷恋。他也许不该退身至深渊大酒店，听着

第五章 不义

贝多芬晚期所作的四重奏，而该大力支持法兰克福学生发起的抗议。他对爵士乐的看法也失之偏颇，这点毋庸置疑。然而，在抵制"改良主义暴政"（the tyranny of the ameliorative）这一问题上，他是正确的。这种观点认为，危机来临时，只有同不义现象斗争才有意义，而其他事情远不及它重要。是啊，我们怎么能眼睁睁看着地球燃烧，自己却还听着音乐，思考哲学和科学这类思辨性的问题呢？但是，采取政治行动即便刻不容缓，也并非唯一重要的事。

其实它也根本不可能是唯一重要的事情。如果我们所能做的最好的事情只是减少世间的不义和人类的苦难，从而让生活不那么糟糕，这样一来，生活就毫无意义可言了。如果人的生活不是一个错误，那么一定有这样一些重要的事——它们之所以重要，不是因为解决了什么问题或满足了什么无关紧要的需求，而是因为它们使生活变得积极美好。我将它们所具有的价值称作"存在性价值（existential value）"，如艺术、纯科学、理论哲学等都具备这类价值。但是日常琐事同样具备这种价值，如业余绘画、木工或烹饪、游泳或驾驶帆船、讲述有趣的故事、与家人和朋友玩游戏等，哲学家齐娜·希茨（Zena Hitz）称它们为"人类的小事（the little human things）"。我们之所以会做这些小事，不仅仅是因为它们能让我们精力充沛，以更好的状态工作，还因为它们正是活着的意义所在。一个没有艺术、科学、哲学或人类小事的未来将暗淡无光。如果不悉心呵护，它们便难以存续，这也是我们理应承担的责任。

当两位西蒙娜——韦伊和波伏瓦——终于在索邦大学（the Sorbonne）的庭院里相遇时，韦伊告诉同名的波伏瓦，除了旨在养活穷人的革命事业之外，无比重要。波伏瓦回复道，生活的意义也值得关注。韦伊直接予以反驳："你一定从未挨过饿。"即便是对话以韦伊的话结束，但波伏瓦也说得没错。一想到气候变化带来的种种可怕灾难，忐忑和不安便会涌上心头，一方面源自数百万人在风暴、洪水、干旱和饥荒中所遭受的痛苦，另一方面则源自对文化毁灭的设想：历史石沉大海，传统根朽枝枯，艺术、科学和哲学式微。身处这样一个世界，我们根本不会感到自在。如果看不到通向美好未来的路，我们如今的生活又有何意义？

第六章
荒　谬

七八岁时，在空无一人的学校操场，我随意写下了几句孤独的诗行，从那一刻起，我成了一个哲学家。但让我走向哲学的不是孤独，而是好奇心和事事忧心的潜质。记得那时，我正在操场小憩，盯着皱巴巴的树干，因万物存在这个事实而感到诧异无比。也许这一切本不存在，而每当这种想法涌上心头，我的内心总会泛起一阵焦虑，现在细想，原来那是让-保罗·萨特（Jean-Paul Sartre）所说的"恶心"（nausea）：对事物的赤裸裸的真实性、纯粹的偶然性以及事物对理性的彻底抵抗所产生的不安。如果这一切都不存在了会怎样？为什么不该不存在呢？

说来也巧，又或者说是命中注定，在萨特那本存在主义小说《恶心》(*La Nausée*)中，主人公也是在看到一根根树干后心生郁结的。"直到最近这些天，我才意识到'存在'到底意味着什么。"他坦言。

存在无处不在，无限的，过剩的，时时处处。存在——永远只受存在限制……我每时每刻都期待目睹，树干像疲惫的阴茎一样，皱叠、萎缩，倒在地上，成为布满褶子的、黑黑的、软软的一摊。它们不愿意存在，可就是对改变这一点无能为力。于是它们静悄悄地安守着本分。树液有些不情愿，在导管中慢慢地向上攀爬，而树根则缓缓地沉入土壤深处。

现实就是这样，没有来由，既令人惊奇，又令人不安。

伴随着好奇和担忧、焦虑和敬畏，我进入了哲学世界，开始关注存在的整体性而非那堆树干。"为什么这一切会存在？"18世纪初，博学的戈特弗里德·威廉·莱布尼茨（Gottfried Wilhelm Leibniz）如是问。美国哲学家西德尼·摩根贝斯（Sidney Morgenbesser）或许能提供最

第六章　荒谬

好的回答："即便这一切不存在，你还是会抱怨！"尽管这是一个无解之问，但没有什么可以阻止我们如此发问。

荒谬之问并不意在寻求解释，而在于寻求意义。可二者源于同一视角：基于这一视角，我们思考宇宙，探索人类在宇宙中的位置，而人类的历史进程不过是宇宙一眨眼的工夫。生活的荒谬已然成为老生常谈。在太空中拍摄的地球，宛如一颗在黑暗中旋转的蓝色大理石。将镜头拉远至整个太阳系都尽收眼底，地球也跟着镜头的远离逐渐缩小，随之映入眼帘的是我们所在的星系，经由数十亿年膨胀而成，遍布1 000亿颗恒星，余下的大部分尽是虚空。在这浩瀚无垠的宇宙之中，我们如此微不足道，而时空又如此深不可测。可笑的是，我们竟然还如此看重自己。可在生活的间隙中，谁又没体会过彻底的荒谬呢？

我们应该认真处理这种情绪。荒谬之感本身就令人不安，但也和人生中的其他苦难相关。对荒谬的探索将带我们回到爱和丧失，叙事和非理想生活，还有承认和关注的问题。通过凝视荡然无存的世界——反思人类灭绝的前景，我们终将走出荒谬，我们也终将接受世间不义的挑战。身处荒谬之中，我们终将发现生命的意义。生命既然具有意义，也就意味着它并不荒谬，而我们要问的是，这意味着什么。

哲学家揣摩生命的意义就同生命的荒谬性一样，都是老生常谈了。当我如履薄冰地向陌生人坦白，自己是名哲学教师时，有时会有人抛给我所谓的终极问题："说说看，这一切有何意义？"幸好我早有准备："哲学家在 20 世纪 50 年代便有了答案，只是得一直保密，不然工作就没了，我倒是可以告诉你，不过得用你的命来换。"实际上，就连潜心学术研究的哲学家也鲜少思考这个问题的，就算真的思考了，也不过是视之为无稽之谈。

毋庸置疑，这个问题很模糊。"生命有何意义？"问完都不知道问的是什么。如果换个表述清楚的问法，这个问题也许就不会那么遭人忽视了。所以哲学家常常问的是，一个人如何才能成功度过"有意义的一生"。哲学家苏珊·沃尔夫（Susan Wolf）在她的既易读又具启发性的作品《生命的意义及其为何重要》（*Meaning in Life and Why it Matters*）中探讨了这一主题。无论是对问题的转换——将对生命意义这一整体的发问拆解到了个体生

第六章 荒谬

命之中——还是解答的大体思路，沃尔夫都颇具代表性。在她看来，度过有意义的一生，或多或少得积极且成功参与一些有意义的活动，比如与他人建立关系，关心所爱之人，追求世间正义，或投入艺术、科学、哲学、生产工作或愉快的休闲活动。

而这也就会面临源自虚无主义（nihilism）的哲学威胁，此观点认为一切存在都毫无意义。在《忏悔录》（*Confession*）中，著名小说家列夫·托尔斯泰（Leo Tolstoy）就曾简明地表述过这一威胁，将其描述为一场存在主义危机。"我的生活开始停滞不前，"他写道，"我能呼吸、能吃、能喝、能睡，同时却又不能不呼吸、不能不吃、不能不喝、不能不睡，同行尸走肉一般，因为已经失去了我本理应满足的欲望。"虚无主义是哲学上的怀疑论的一种形式，就像我们在前一章中遇到的否认他人重要性的怀疑论一样，我们无法在虚无主义者自己的逻辑体系内反驳他们。因为如果你不事先假定事物具有意义的话，那你就无法证明这一点。所以同他们辩驳，我们自然会一筹莫展。但这并不是说，虚无主义者抑或怀疑论者所持观点是对的，或对于他们所持观点的错误性，我们全然不知。这意味着，最初给世界赋予意义的，不是论证，而是注意（attention）。

无论如何，探寻生命的意义是一码事，如何度过有意义的一生是另一码事，二者截然不同。在沃尔夫以及她的同道中人看来，有些人的一生富有意义，而有些则不然。她关注的意义是个人的拥有感（personal possession），所以杰勒德·温斯坦莱度过了有意义的一生，艾丽丝·默多克和比尔·维克也是，而抄写员巴特尔比则不然。可每每询问生命作为一个整体是否具有意义时，我们所探寻的并非具有个体差异的意义。荒谬之问要么对我们所有人来说都只有一个答案，要么彻底没有答案。那么，就其自身而言的，人类生命的意义是什么呢？

对于这个问题，哲学家们往往不屑一顾，认为它纯属无稽之谈。症结其实在于"意义（meaning）"这个词。"意义"一词在"生命的意义（the meaning of life）"中到底意味着什么？我们常常探讨一个词、一段话，抑或书中的一个表述的意义。"生命的意义"中的"意义"是否就是这个意思呢？人类生命会不会就是由某种宇宙语

第六章 荒谬

言写成的一句话呢？我想是有可能的。还可能存在某种外星生命，他们通过数百年来的物种活动进行交流。对他们来说，历史中的革命就是一个逗号，历史的前进或倒退构成文字。他们可能会撞见由人类历史偶然书就的一段文字，就像一群猴子用打字机敲出来的《哈姆雷特》（*Hamlet*）一样。那必将震惊全世界，我会很想知道人类偶然书写的是什么，可这并非我们所要探寻的意义。不知不觉浸润在某种外星文字之中只会坐实我们存在的荒谬，那些文字也许能告诉我们人类生命之于外星人的意义，但无法告诉我们它之于我们的意义。

或许我们不该在"意义"一词上过多纠结，考虑生命的意图和目的吧。人类可能会在一个更大的系统里扮演自己的角色，抑或发挥自己的功能。在《银河系漫游指南》（*Hitchhiker's*）系列作品中，道格拉斯·亚当斯（Douglas Adams）颇具讽刺色彩地描写了一台银河计算机，设计用于寻找"有关生命、宇宙和一切的终极问题"的答案（众所周知，小说中设定的答案是"42"），而地球只是这台机器的组成部分。可即便我们仅是这台宇宙机器的齿轮，意识到自己的功能也并不等同于探寻到了

生命的意义,那个有关存在的难题仍未被触及。对此,哲学家托马斯·内格尔(Thomas Nagel)有一番骇人听闻的见解:

> 即便得知自己被抚养长大是为了给喜啖人肉的其他生物供食,他们打算趁着肉质还不太老将我们切成肉片——甚至连动物饲养员培育出整个人类种族都是出于此目的——这也不会给我们的生命赋予意义。

你可能会认为问题出在功能上。"诚然,通常给高等生物提供的服务与此不同,"内格尔坦言,"人应当注视并享有上帝的荣耀,可鸡不能享有红酒焖鸡的荣耀。"这当然没错,但仍无助于我们对荒谬之问的理解。问题仍在于,功能本身并不足以赋予生命意义,至少不是我们所探寻的意义。这意味着"生命的意义"中的"意义"并不意指功能。

往往到了这一步,哲学家们就会选择认输。还记得维特根斯坦所说的"以语言对我们理智进行的蛊惑"吗?

第六章 荒谬

也许我们已经被文字蛊惑了，也许一旦意识到"生命意义何在"这个问题本身没有意义时，荒谬之问就会土崩瓦解（或者，会适得其反？发现我们最深刻的问题毫无意义，还有什么事比这更荒谬）。不过这一次，我并未被说服。这个问题再怎么难以捉摸，都不会凭空消失，它始终存于我们的脑海，喃喃低语。生命的意义是什么？回到问题产生的源头，我们终能理出头绪。

"自开天辟地以来，"那些一知半解的散文家宣称，"人类就一直在探索生命的意义。"实则不然。无论是柏拉图还是亚里士多德，塞涅卡（Seneca）还是爱比克泰德，奥古斯丁（Augustine）还是阿奎那，抑或笛卡尔、休谟和康德，他们都未曾思考过这个问题。他们讨论度过美好的一生意味着什么，但不过问生命的意义何在。

"生命的意义"——这一说法——源自1834年英国作家托马斯·卡莱尔（Thomas Carlyle）的小说《旧衣新裁》（*Sartor Resartus*），出自书中虚构的哲学家第欧根尼·托尔夫斯德吕克（Diogenes Teufelsdröckh）（字面意思为"上帝所生·魔鬼的粪便"）之口。托尔夫斯德吕克认为，我们所感知的世界不过是上帝或圣灵的外衣："因此，衣服这一意义深远的主题，如果理解正确，便包括了人的一切思想、梦想、行事和为人：整个外在宇宙及其所包含的一切不过是某种服饰，而所有科学归根结底，都是衣服哲学。"这个冗长的笑话很难找到笑点在哪里，暗藏在它背后的是极度的绝望。在《永恒的否定》(*The Everlasting No*)一章中，托尔夫斯德吕克哀叹自己与周遭世界彼此隔绝："于我而言，整个宇宙不过是一片空虚，没有生命，没有目的，没有决断，甚至没有恶意。它如一台硕大无比、毫无生气、不可度量的蒸汽机，冷酷无情，不停滚动，将我肢解。"正是怀着这样一种心情，他才质疑起生命的意义——并造出了这个短语。

这个故事有两条线索可循。其一，有关生命意义的问题直到 19 世纪才浮出水面。其二，只有身处痛苦或空虚，抑或顿觉生命索然无味，荒谬至极，我们才会探问生命的意义。每当因无人安慰而独自承受痛苦或陷入悲伤，被不幸和不义压倒，踽踽独行或苦涩难耐之时，我们的脑海中才会浮现这一问题。生命留有太多缺憾，它真的有任何意义吗？诸如索伦·克尔凯郭尔（Soren Kierkegaard）等早期存在主义者都会因忧虑人类存在而饱

第六章 荒谬

受折磨，我们亦然。越是担忧生命果真毫无意义，这个问题也就越步步紧逼。

"生命的意义"中的"意义"是什么？对于一件艺术品、一段叙事、一幅画或一段音乐，我们感兴趣的并非字面意义——文字叙事除外，其他事物都谈不上什么字面意思——亦非其在一个系统中的功能或目的，我们探寻的是它的内涵（significance）。我们希望描述它带来了什么，又是如何带来的——最笼统地说，也就是它"相关于"（about）什么——从而我们就知道了应当对其报以怎样的态度。我们苦苦寻求的是教导我们如何感受的真理（答案往往纷繁复杂）。这种解读把注意、解释和情感反应融为了一体。探寻生命的意义亦然，关键就在于如何感受世间万物、存在整体以及人类处于存在整体中的位置。生命的意义将会是一个有关我们和这个世界的真理，它回答的是这样的问题：该感受什么？为什么要如此感受？因此，我们才会在生活不易时探问生命的意义。我们想以某种方式，同失去、失败、世间的不义和人类苦难和解。我们希望找到一个足以让自己摆脱绝望的真理。

这种解读还有助于理解荒谬问题出现的时机，为什么它会在历史的这一特定时刻浮出水面。19世纪前，绝大多数人想当然地接受了宗教世界观所给的答案。"无论宗教是什么，它都是一个人对生命的总的回应。"在1902年出版的《宗教经验之种种》（The Variety of Religious Experience）中，心理学家威廉·詹姆斯（William James）写道，"要想理解这种回应，你必须迈入存在表象之后，深入到那种把整个残存的宇宙视作永恒存在的奇妙感觉当中。这种奇妙的感觉或亲切，或陌生，或可怕，或可笑，或可爱，或可憎，每个人都多少体会过。"一个人若是信奉宗教，他就会对生命抱有积极回应，即便不积极，也会与之和解或寻得救赎。宗教让整个残存宇宙看见了拯救的希望。即使没有表明生命的意义是什么，宗教也给人一种确信：再怎么难以捉摸，生命都有意义。教导我们如何感受的真理确实存在。

阿尔伯特·爱因斯坦（Albert Einstein）则进一步断言，凡是对如下问题的回答，即"人类生命或一切有机体生命的意义是什么？……都蕴含着宗教思想"，而我和存在主义者则面临相同的问题：在不预设一个宗教世界观的情况下，我们如何维系生命的意义。如果上帝死了，

第六章 荒谬

人类的生命是否荒谬？

首先一点，并非所有宗教都诉诸上帝。在一神教——犹太教、基督教和伊斯兰教——之外，还有印度教等多神论宗教以及佛教等非神论宗教。它们之间有何共同点？是什么将信徒"对生命的所有回应"同信条和教义、仪式和实践融为一体，让它们得以成为宗教？这些并非三言两语能说清之事。不过，任何宗教都具备的一大要素便是对某种超越日常世界的存在的信念，或者说信仰——如果信仰的对象不是上帝或众神，那就是某种形而上的东西，如佛教的"空性（emptiness）"教义和令人困惑的无我（no self）命题。

我认为，宗教的本质是形而上的。它提供了一个整体的世界图景，该图景指导着我们对世界的全部回应：我们理应如何感受生命、宇宙和世间万物。无论是否涉及我们同上帝的关系，它总会涉及对超越性的形而上学思考（a metaphysics of transcendence）。例如，作为一种压力控制法，禅定（Buddhist meditation）之所以有别于正念（mindfulness），是因为其目的在于通过发现真理——即自己并不存在——来终结痛苦。如果你和你爱的人都不似你认为的那般真实,死亡和失去也就不再那么痛苦(就是这个意思。但我一直不明白,在发现这条"真理"后,我为什么不会和得知自己和认识的人都已死去一样痛苦)。通过谈话疗法(talk therapy)或平静内心的冥想来同生命和解,并不意味着信奉宗教,也不意味着了悟生命的意义,因为二者无法让我们发现任何诸如此类的真理。

许多宗教都信奉神义论,认为神对人类的一切所作所为都合乎情理,而生命的意义就体现在这种神义论中。人生维艰,但宗教会提供一套叙事,告诉我们总有开花结果的那一天,也许是在不朽的来世。即便没有人告诉我们这套叙事,我们也会笃信这个无法理解的事物的存在。在1734年出版的《人论》(Essay on Man)中,诗人亚历山大·蒲柏(Alexander Pope)在第一篇的结尾写道:

> 自然万物都是艺术,只是你未领悟;
> 所有偶然都指向前路,只是你不清楚;
> 一切不和谐实为和谐,可惜浑然不知;
> 一切局部的祸患,乃整体的福祉。

第六章　荒谬

纵使自命不凡，即便理性多舛。
"凡存在即合理，"真理一目了然。

蒲柏的这段对仗（antithese），韵脚工整，对仗频出，提点我们：每种伤害都暗中有益，每次抱怨都必有回转，神义就像上帝精心设计的机械，滴答作响，我们无法得见，但最终会在"凡存在即合理"中凸显出来。

近代哲学家将神义论的目的——说明"凡存在即合理"——从传统宗教的教条中分离出来。例如，莱布尼茨通过逻辑论证，表明当下的世界就是最好的可能世界。让－雅克·卢梭会将人类生活的弊病归咎于来自社会的破坏，而我们有能力克服这一点。格奥尔格·威廉·弗里德里希·黑格尔曾在一本1837年出版的书中写道，"哲学理应让人洞察到……现实的世界就是它应当是的样子"。

如果脱离上帝和传统宗教后，还能有某种生命的意义，那么像我这样的无神论者也就能看到希望了。我们所需的是关于世界的真理，以及人类在其中的位置的真理，这些真理会告诉我们应如何感受整个残存宇宙——

理想情况下能帮助我们同苦难和不义握手言和。听起来不错，只是这些真理具体是什么，仍是未解之谜。据威廉·詹姆斯所言，新英格兰的超验主义者玛格丽特·富勒（Margaret Fuller）曾对创造"生命的意义"这一短语的托马斯·卡莱尔说："我接受这个世界。"卡莱尔一点都不为之震惊：不然他还能做什么？怀疑才是更为常见的反应。如果像我在本书开篇那样，将神义论搁置一旁，何种真理能将我们从本不应得的苦难中救赎出来？又有何种真理能平息世间盛行的不义之风？我们如何才能接受这个世界？

更严峻的问题是，我们为什么要相信一定有某种应当的感受方式？为什么要相信现实决定了我们对生命的总体回应？詹姆斯又给出了一番颇为可信的说明：

众人皆知，同一事实可能兼容于完全相反的情感反应，因为同一事实会在不同的人之间，甚至在身处不同时间的同一人身上，引发完全不同的感受。在任何客观事实和它可能激起的某种情感变化之间，不存在任何可由理性推知的演绎联系。

第六章　荒谬

性情不同，对痛苦和罪恶的反应也不同，这早已是老生常谈。前苏格拉底时代的哲学家德谟克利特（Democritus）发现，现实竟如此荒谬，令他忍俊不禁，而他的前辈赫拉克利特（Heraclitus）则因荒谬的现实而泪流满面。这都是公元前5世纪的事情了。

面对来自不确定性的威胁，也许弗兰克·拉姆齐（Frank Ramsey）的回应最讨喜。拉姆齐天资聪颖，在经济学、数学和哲学方面都有着超凡的建树，却于1930年因肝脏感染去世，年仅26岁。在过完22岁生日后不久，拉姆齐受邀发表了一篇有关万物意义的演讲。"我之所以和一些朋友不同，"他说，"是因为我不大重视物理尺寸（physical size）。"

面对浩瀚无垠的天空，我一点也不觉得卑微。星辰也许硕大无比，却不能思考，无法相爱。而这些特质所留给我的印象远比物理尺寸深刻。而我两百多斤的体重也并不归因于我自己……我发现人性甚是有趣，而且大体而言令人钦佩。至少现在，我认为世界是个充满欢乐、令人兴奋的地方。也许它令你灰心丧气；我向你表示遗憾，而你则鄙视我。但我有理由遗憾，而你并没有理由鄙视。因为只有当你的感受以某种方式与事实相符时，而我的感受并不与其相符时，你才有理由对我嗤之以鼻。但我们的感受都无法与事实相符。事实本身并无好坏之分，只是它令我亢奋，却令你衰颓。另一方面，我有理由对你表示遗憾，因为和衰颓相比，亢奋自然更令人愉快，不仅更令人愉快，对于一个人从事的所有活动而言，也更有益处。

对拉姆齐来说，我们能做的最好的事情就是在务实的基础上采取积极态度：总是着眼于生活的光明的一面。可是，以沮丧的情绪看待整个世界，虽然少了些快乐，但也不会失之偏颇。这就是生命的荒谬之处。

尽管基调不同，但贯穿《西西弗斯的神话》（*Myth of Sisyphus*）全文的正是这如出一辙的荒谬。在该书中，法国哲学家阿尔贝·加缪（Albert Camus）写道："人与非理性相对而立。他内心渴望幸福和理性。人类的需求在呐喊，世界却无理地沉默，正是二者之间的冲突，得以

第六章　荒谬

让荒谬诞生。"

荒谬之处不在于世界决定了一种消极回应，也不在于真理糟糕透顶，而在于最为深刻的那个问题——"生命的意义是什么？"——仍毫无解答。于我们而言，并不存在一种特定的、应当的感受世界的方式：归根结底，我们的所有回应都是没有凭据的。我们提出问题，而宇宙却耸了耸肩。既然如此，那么就没什么可说的了吗？

为了应当这种荒谬性，我将论证：生命的意义这个问题可以被回答，只是这个回答可能是严峻的。

P. D. 詹姆斯（P. D. James）曾撰写一本小说，后由阿方索·卡隆（Alfonso Cuarón）改编成电影，名叫《人类之子》（*Children of Men*）。书中，全人类已经无法生育，整整十八年没有孕育过一个孩子。社会毫无希望可言，颤颤巍巍地走向覆灭。

但让詹姆斯感兴趣的并不是最后一代人面临的现实挑战——谁来照顾老人？如果不能投资未来或从未来借贷，全球经济又会如何？——而是他们的精神生活。如果你知道人类将不复存在，你做何感想？小说中，主人公西奥多·法隆（Theo Faron）写道："在世之人无不沦陷于几乎普遍存在的消极之中，也就是法国人所说的"普遍倦怠"（ennui universel）。"

犹如一场隐伏于身体的疾病，突然发作。它确实是种疾病，因为症状不久就会为人们所熟知：无精打采，郁郁寡欢，莫名不适，免疫低下，长期头痛欲裂。我同大多数人一样，与这种疾病展开搏斗……我用以搏斗的武器便是从书籍、音乐、食物、果酒、自然等中获得的慰藉。可拥有子嗣，即便不是为了我们自己，也是为了人类种族——已然无望，我们也无法确保自己虽濒临灭绝却仍能存活于世。所以于我而言，思想和感官给予的所有乐趣，有时看起来不过是一道可悲的、摇摇欲坠的防线，强撑着对抗我们的毁灭罢了。

《地球的命运》（*The Fate of Earth*）一书出版于1982年，是反战活动人士、作家乔纳森·谢尔（Jonathan Schell）笔下的一部颇具影响力的非虚构推想作品，而詹姆斯的观点早在其中就有所体现。虽然该书的最终主题是核末日（nuclear apocalypse），但谢尔从中抽丝剥茧出

第六章 荒谬

两个要素：一面是数十亿人痛苦地过早死亡，一面是"人类所有后代的消亡"。同詹姆斯一样，希尔只想象了全人类无法生育情况下的后代消亡，而并未考察前者，他和詹姆斯的另一个共同点在于，他所设想的回应也颇为阴郁。对于面临灭绝的人类来说，他写道："日常世界中一切活动——婚姻、政治、艺术、学习，甚至战争——都变得徒劳无功，这种想法将势不可挡地深入人心。"

2012年，在《地球的命运》出版后三十年，《人类之子》出版后二十年，美国哲学家塞缪尔·谢弗勒将人类无法生育的设想带到了哲学领域。同詹姆斯和谢尔一样，谢弗勒写道："可以合理地设想，这样一个世界将充斥着冷漠、混乱和绝望，社会制度腐朽，社会不再团结，自然环境恶化，人们对大多活动的价值或意义普遍丧失信念。"有一点我们几乎意识不到，也少有探求，那便是：我们每天所行之事的意义实则依赖于某种朦胧的信念，即人类必将在我们死后继续存在，至少延续几代。正如谢弗勒所说，意义依赖于我们对"集体性的来生"（collective afterlife）的信仰。

你如果身处人类无法生育的情境中，会做何反应？

恐惧、悲伤、心神不宁？日常生活的喧嚣失去了意义吗？我们当下的所作所为都抵押给了未来，当行为的结果在很久以后才到来时，这点就十分明显了——正如我们一步一步寻找治疗癌症的方法，成果不断增加，即使离真正找到治疗方法还需数十年——这种现象按理来说比看起来更加普遍。如果艺术和科学在五十年后还没有受众，那它们至少就会失去部分意义。为什么还要呕心沥血地贡献于终将灭迹的传统？人类如果无法生育，就不会有后代继承我们共同的遗产。即使是阅读、吃喝、听音乐等即时的快乐，也会令人沉闷，正如西奥多·法隆所感，"如今快乐如此之少，即便有也与痛苦无异"。

面对人类灭绝，我们应该像法隆那样心生绝望吗？还是应该泰然自若？或者说，这关乎性格，有些人会因此抑郁，有些人则无关痛痒？面对《人类之子》中的整个残存宇宙，是否有某种应当的感受方式？

我认为是的。我们在这一情境下的情感就同陷入悲伤或情爱一样，并非纯粹主观。因此，我们有充足的理由反对法隆的虚无主义论断。首先，暂且撇开吃喝不谈——吃喝的价值似乎在参与的时刻就会体现出来——

第六章 荒谬

法隆并未明确解释为什么阅读或听音乐的价值应当取决于未来发生的事情。这可和一百年后治愈癌症完全不一样。即便世界末日来临,我们仍能从艺术中寻得慰藉,从肉体中收获愉悦。

再者,还有时间上的问题。即便我们知道人类所剩时日屈指可数,为什么当下所做事情的价值就会被即将来临的灭绝的热浪蒸发得一干二净?谢弗勒将这一问题取名为"艾维·辛格问题(the Alvy Singer problem)",借用了伍迪·艾伦(Woody Allen)电影《安妮·霍尔》(*Annie Hall*)中九岁男孩的名字。这个男孩认为,宇宙要是总有一天会毁灭,写作业也就毫无意义可言了。艾维的立场或许看似荒谬,但背后有一个提供支持的论证。如果我们现在所做事情的价值依赖于后代的兴旺,那迟早有一天,最后一代人无论做什么都将毫无意义,因为人类不会再兴旺了。倒数第二代人亦是如此,以此类推,倒数第二代人也是如此。人类兴旺的一块块多米诺骨牌相继倾倒,从人类灭绝直到现在,只留下一堆毫无价值的废墟。

除非你已做好心理准备,相信所做的一切都毫无意义，否则就不应该相信最后一代的处境假设。虽然我们不能证明世界存在价值——至少没法给出能让虚无主义者满意的答案——但这并不意味着它不是真实的。法隆可能会因此郁郁寡欢，不想听歌剧，不想读 P. G. 沃德豪斯（P. G. Wodehouse）的小说，也不想同亲密朋友玩棋盘游戏，可这些活动仍有存在价值，且并不完全取决于子孙后代（怎么会取决于子孙后代呢？）。由此可见，第一张多米诺骨牌不一定会倒下，最后一代人也能在生命中寻得价值。

所以说，我们不应夸大人类灭绝的后果，但我认为也不应欣然迎接人类灭绝。自 20 世纪 90 年代以来，有少数极端的环保主义者主张人类应自愿灭绝：为了地球，让我们停止生育。但即使是他们，也认为人类灭绝是种损失——一种高尚的牺牲——而且他们也更喜欢生活在人类设法与自然和谐相处的世界，只不过他们觉得这不大可能。

上述这些都有助于我们推翻有关荒谬的陈词滥调。这么做看来还是相当有成效的。既然有理由以一种方式而非另一种方式应对人类灭绝，那我们对此的总体回应

第六章 荒谬

就不必是无凭无据的了——有些立场比另一些更为理性。我们不应欣然接受即将到来的灭绝,但也不应因此陷入虚无主义。现实可以决定我们看待存在整体的方式。换句话说,生命本可以富有意义。和这些潜在意义的一般水平相比起来,由人类灭绝引证出来的意义令人极度沮丧——这过于消极,不能算数,而一旦估计出自己对于无法生育的情境的反应,我们便可以调整假设,再来测试自己的全部回应,探问在如何感受的问题上,事实告诉了我们什么。这可能意味着提出论证——就像我反对西奥多·法隆的论证一样,但主要是描述,与指导我们道德生活的其他人给出的描述没什么不同。

为什么我们会因人类即将灭绝而感到悲伤呢?部分原因在于,我们重视人的历史及其主体——人类,既然重视,也就自然希望它能存续下去科学家们讨论的"生态悲哀(ecological grief)",即指的是身处气候危机前线,眼见生态系统崩溃,目睹濒危物种灭绝的人产生的情绪。灭绝的物种再也不会回来了。生态悲哀就如单纯对于生命逝去的悲伤,是出于所逝之物的不可替代性,是爱的基本表达。人类尽管存在弱点,但也值得被爱,而对于

人生维艰

人类灭绝设想的悲伤何尝不是一种生态悲哀。我们如果爱人类，自然就会希望人类能延续。

但光是延续还不够，我们的情感应该关注如何改变，而非如何存续，因为仍有未竟的事业。想想第五章里让我们头痛的不义，加上我们的无知，关于宇宙的未知，尚未解答的纯科学和哲学问题，再加上我们有待开发的创造力和抑制已久的爱的能力，包括对自然界的爱。人类生命若在这种情况下草草结束，那真算是早逝了，这个说法包含的不仅仅是比喻意义。

如果经过几代人的努力，人类能够减少不义现象，保护弱势群体，满足自身需求，情况便会有所不同。假设我们构建出了一个如今难以想象的社会：在人类的弱点允许的范围内，尽可能趋近正义。这并不是乌托邦，只是我们尽己所能达到的最好社会。无法生育的情境可能仍同《人类之子》描述的那样折磨我们，但我们会创造发明、团结一致、心怀同情，以此作为回应，会想办法互相关爱，分享艺术，建立友谊，凭借彼此的慰藉和陪伴保持镇定，优雅地迎接自己的末日到来。

我并不是说这个叙事令我愉快，只是觉得我们可以

第六章 荒谬

接受。如果人类以这种方式灭绝，我也能欣然接受，正如艾维·辛格所言，我们总有一天会灭绝。需要改变的并非外部环境，而是我们，我们集体面对逆境的方式。糟糕的一种情况是，在人类还远远没有实现自身潜能的时候，人类历史就终结了——一段充满偏见、奴隶制、厌女症、殖民暴力、战争、压迫和不平等的历史，人类进步时断时续。我并不是说，未来可以救赎过去，也不是说如果我们成功让社会更为正义，这一事实就会以某种方式弥补已造成的不义。我们无法抹掉过去，也正因如此，只能胸怀抱负，去改善未来。

如此看来，正义之所以重要，不仅因为其本身意义非凡，还因为它是荒谬的解药。其他事情固然同样重要：人际关系、休闲活动、工作和娱乐。这些都在充实生活，让其更有意义。可如果美好的事物永远以不义的方式分配，那么人类存在作为一个整体也就失去了意义。对不义问题的解决过程也就是真理的锻造过程，这一过程告诉我们如何感受，进而给生命赋予意义。

因此，存在主义者错了：理性命令我们的可能是另一种回应世界的方式，这种回应即便不是对宇宙以及人在其中的位置的欣然赞成，至少也是对其的坦然接受。它无须依赖于任何超越现世的或神圣的东西，也无须依赖无我或灵魂的不朽。它所要求的来世是集体的来世。生命的意义——一条告诉我们如何感受整个残存宇宙的真理——就蕴藏于我们朝向世间正义蹒跚前行的漫漫长路中。

这一愿景与宗教之间的距离其实并无想象中那么遥远。人们常说，宗教信仰源于对死亡的恐惧，旨在对人类的有朽性提供慰藉。这未免想得太简单了！正如开创性的神学家约翰·鲍克（John Bowker）所言，我们所处的世界，不义无处不在——无辜者饱受苦难，罪人逍遥法外——亟须借助形而上学加以解决。因此，宗教才会到另一个世界中寻求正义，抑或将我们所知的世界斥为幻想，否则真相令人难以容忍。永生的意义不仅仅是遮蔽死亡，更是为在有朽的现世中受到阻挠的正义提供空间。正所谓，善者必赏，恶者必罚。如果这个世界不是如此，那么另一个世界必然也是如此。正义在宗教中是最优先考虑的，正如它在我对生命的意义的说明中处于优先地位一样。

我不相信有另一个世界存在，至少它无法补偿我们所处的世界。如果要探寻意义，那就必须从历史的形态

第六章 荒谬

中，从偏向或偏离正义的道德宇宙的发展弧线中寻求。这种理解人类历史及其与未来关系的方式，于启蒙运动（the Enlightenment）后不久，便孕育于世了，几乎与"生命的意义"同时期诞生。于黑格尔而言，历史简单来说便是"精神（spirit）"朝着自我意识和人类自由发展的过程。按照一种对马克思的标准理解，历史依据经济模式的改变，有其不可阻挡的发展序列，这些模式依次为原始共产主义社会、农业社会、封建社会、资本主义社会，最终会被更高层次的共产主义社会所取代，高扬起"各尽所能，按需分配！"的旗帜。问题在于，黑格尔和马克思都无异于宗教末世论者，认为人类历史的发展历程早已预先设定，我们都会不可避免地朝着某种最终状态前进。我认为现实并非如此。道德宇宙的发展弧线取决于我们的行为，而我们的行为取决于我们自己。

我生性并不乐观。目光所及的未来，尤其是气候变化，会让我备感恐慌。它不仅正危及各处，乘着不义之风，愈发迅速地席卷而来，还让先前致力于解决的各方面的不义——社会与经济不平等、暴力、排外、摇摇欲坠的民主——都经受着这风暴的摧残。如果气候变化引发了大范围粮食及水资源危机、大规模移民、冲突和战乱，我们也许会将平等和人权抛之脑后。

要说气候变化威胁到生命的意义，可谓毫不夸张，这正是明摆着的事实。人的生命本可具有意义，而这种意义可能在于缓慢、痛苦、偶然地朝向某种能弥补过去暴行的尽可能的正义前行。如果人类历史存在这一形态，我们应坦然接受，发挥作用。宇宙浩瀚无垠、冷漠无情，我们原本能在某个角落安家立业。可如果气候变化瓦解了社会，生命的意义就会随之消失，这并不应让我们感到荒谬，而应让我们感到羞愧。

在《论历史的概念》(On the Concept of History)中，法兰克福学派哲学家瓦尔特·本雅明（Walter Benjamin）——阿多诺的朋友和同事——曾拒绝用进步性的字词来描述过去。本雅明写道，在"历史的天使（angel of history）"看来，历史就是"一场纯粹的灾难，尸骸成堆，还猛地扔至他的双脚之下。天使想留下来，唤醒死者，让粉碎之物完整如初"。但在本雅明启示性的图景中，"一场风暴正席卷而来，将他推向未来"，致使他无法停下来修补损毁："这场风暴就是所谓的进步。"我们应该阻断风

第六章　荒谬

暴，把握现在，赋予过去意义。本雅明还在这篇文章中运用了另一个恰当的类比：蒸汽机。"马克思有言，革命是世界历史的火车头，"他写道，"可实际也许不然。也许革命不过是火车上的乘客——人类——开启紧急制动的一次尝试。"

我们当前的任务，便是立刻开启紧急制动，阻止气候变化及与其交织在一起的全世界的性别和种族上的不义。那些教导我们如何感受的事实将由我们自己的努力塑造。对于挑战，我们要么接受，要么逃避。事情也许看似糟糕透顶，但别忘了在之前的荒谬的真空之中，事情岂不是更糟吗？生命的意义完全可以为我们所理解，而答案取决于我们自己。

今天，未来是未知的。历史的发展弧线将拐向何处，我们不能确定，也很难猜测。因此，即便人类的生命存在意义，我们也无法说明它到底是什么。遗留的问题在于，面对如此多的未知，我们该做何感受。如果生命的意义无法确定，抑或陷于危险，做出怎样的总体回应才讲得通？我们应该接受希望的鼓舞，还是任由绝望压垮？

第七章
希 望

　　我所崇拜的哲学偶像之一是犬儒学派的第欧根尼（Diogenes the Cynic），古希腊时期柏拉图的论辩对手。第欧根尼很有趣，听闻柏拉图把人看成没有羽毛的两足动物，第欧根尼便出现在柏拉图的学园（the Academy）门口，手里挥舞着一只拔了毛的鸡，宣称"这就是柏拉图所说的人！"于第欧根尼而言，哲学是行为艺术，是生活方式，而不仅限于讨论。第欧根尼很有原则。他认为柏拉图的对话纯属"浪费时间"，于是就住在雅典街头的一个陶制坛子里，以此表现自己重实践轻理论、重德性轻财富的信念。他总提着灯笼，声称要找寻真正的人，却从未成功。第欧根尼还很鼓舞人心。他是一名政治革命家，是"世界公民（citizen of the world）"，梦想着实现所处时代从未设想过的平等。"有人问他生命中最为宝贵的东西是什么,第欧根尼回答:'希望(Hope)。'"

传统智慧认为,希望是高贵的,给人力量,甚至使人无所畏惧。并不尽然。为了解释为什么希望可以纳入人类苦难的目录并值得花费本书一章的内容来谈,我们需要追溯至潘多拉魔盒(Pandora's box)——其实也是一个坛子——以及早于柏拉图四百年前的古希腊诗人赫西俄德(Hesiod)。

作为荷马(Homer)的同时代人,赫西俄德在公元前8世纪的作品讲述了凡人普罗米修斯(Prometheus)从众神那偷走火种,以及宙斯如何报复人类的故事。宙斯下令让赫菲斯托斯(Hephaestus)捏制一个美丽的女人,使雅典娜(Athena)赋予她生命,然后让赫尔墨斯(Hermes)将她送往人间。这个女人就是潘多拉,带着一坛"礼物":疾病、悲伤以及生活中的各种不幸。她打开了坛子,将灾难释放至人间,在希望逃脱之前,砰的一声关上了盖子。如今有人将希望解读为来自神的安慰,只能说他们是一厢情愿。罐子里装满了诅咒,希望便是其中之一。正如赫西俄德解释道:"智力障碍者一样/无所事事,坐

第七章 希望

等着缥缈的希望，/灵魂满腹牢骚，抱怨无法维持生计。/可身为养家的人，希望并非好东西。"我们希望一切顺利时，往往只是简单地交叉手指祈祷，而不是一步一个脚印地去实现。在赫西俄德看来，希望让人麻痹。

尽管赫西俄德似乎把希望描绘成了灾难，但这个神话实则模棱两可。问题在于，唯独把希望落在最后，并囚禁在罐子里到底意味着什么。有人打开了坛子才导致灾难逃出，去祸害人间。如果希望仍被关在坛子里，那不就意味着我们摆脱了它的诱惑吗？抑或，失去了希望的生活即为人类遭受的诅咒。这是否意味着，希望是美好的东西，只是我们无法得到？可这样的话，为什么它还会出现在潘多拉装满灾难的罐子中呢？希望似乎根本无处安置。

我最近才开始思考希望这个概念，每每想到它，便会心存怀疑。我的慢性疼痛仍未根除，如果说不希望自己痊愈，那可真是惺惺作态。在有事情需要完成的时候，重要的是去做，而不是满怀希望或听天由命。我觉得希望于我而言没那么重要，可医生不同意，她认为我越抵制希望，希望在我生命中也就越重要。可问题是，我害怕抱有希望，我需要的是勇气。

其实不光是我，很多人都会觉得，希望就是痴心妄想。正所谓希望越大，失望越大。为什么要让自己经历这些呢？与此同时，我们却又紧握希望，因为它仿佛是无际黑暗中的那束光。

我逐渐意识到，我们都没有错。希望本就是令人矛盾纠结的，它也应该如此。它被囚禁在潘多拉的坛子中，既无用又关键。

那么，到底何谓希望？近年来，哲学家就这一问题着了不少笔墨，虽各执己见，却也达成了广泛共识。希望既囊括欲望，也涵盖信念。希望某事发生，既可以理解为有想实现这件事的愿望，又可以理解为这件事有实现的可能性，只是无法确定是否必然会实现。你不会对你不想要的东西抱有希望，也不会对毫无可能实现或必然实现的事情抱有希望。再者，抱有希望，则说明这件事并不完全取决于你自己，因为对仅凭一己之力便能实现的事情抱有希望，根本说不过去。希望是妥协，对自己无法掌控之事的妥协。

希望的两面——欲望和信念——都是希望的实质性

第七章 希望

的形式。希望并不仅仅是无所事事地憧憬（idle longing），还包括情感上的执着。因此，索伦·克尔凯郭尔才会用"激情（passion）"来定义希望："对可能发生之事抱有的激情"。同样，它也不仅仅是所谓的"无所事事的信念"（idle belief），这意味着只是把一件事看作是可能的还够不上希望，还要把这种可能性视为"鲜活的"（live）。虽然不一定需要保持乐观，毕竟事情发生的概率也许本就微乎其微，但必须在现实生活中认真对待这种可能性：这是你可能计划去做的事情，即使只是可能（你指望验血报告的坏结果是搞错了，而且知道理论上有出错的可能，但如果你排除了这种可能，你就不再是在"希望"验血结果是好的了）。如果执着于已经被自己所排除的那种可能，留给你的只有绝望，而放下执着，你也就听天由命了。

理解绝望是不好的比理解希望为什么是好的容易得多。没有希望，就会绝望，但我们仍对这件事情抱有执念。"分手了，她再也不回来了。"被对象抛弃的人哭喊着。临终的病人泣不成声："病没得治了。"他们感受到的是悲伤或者类似的感觉。伴随着仅有的一丝回转的可能消失殆尽，他们对可能性的激情也耗尽了，随之而来的便是痛苦。

然而，这并不意味着抱有希望就是好的，有时，有些事情就是不可能发生的。我母亲罹患阿尔茨海默病，病情不会再好转，只会每况愈下。无论我多么想让她好起来，但如果仍希望病情好转，那未免太过愚蠢。即使希望出于理性，它又有什么好处？就好比2016年和2020年的美国大选，当时我怀揣着希望，焦急万分地等待选举结果。没有别的办法，只能克制焦虑，反复恳求出现更好的结果。这样做的意义又是什么？希望与沉寂共存。如果希望中存在勇气，那也是这份勇气使我们能够面对由希望制造的对失望的恐惧。一旦结果糟糕透顶，希望就会比绝望更令人痛心。

所以，赫西俄德有其道理。希望具有欺骗性，容易掌控，也令人生畏。既然如此，为什么肯定希望在人生中起作用？作家兼社会活动家丽贝卡·索尔尼（Rebecca Solnit）在2003年伊拉克战争爆发后撰写的一本书中，起身为希望辩护。"希望并不是你坐在沙发上，手里紧握的那张令你备感幸运的彩票。"她写道。恰恰相反：

第七章 希望

会把你赶出家门，因为它会夺去你所拥有的一切，从而让未来远离无休止的战争，远离地球资源的耗尽，远离对穷人和边缘群体的压榨。它仅仅意味着另一个世界存在的可能，并非承诺，亦非保证。它呼吁行动。不抱希望，也就不会有所行动。

可问题在于，希望有时正如手里紧握一张彩票一样，它不一定会把人赶出大门。即便躺在沙发上，看着新闻，也能心无旁骛地怀揣着希望，我再清楚不过了。而且，对行动的呼吁也并不来自希望，而是来自其他地方。

索尔尼也许是对的，不抱希望，也就不会有所行动：如果无法保证成功，也不抱有成功或者至少取得进步的希望，你根本无力为自己在乎的东西奋斗。这就使得"希望有价值"这一迷思开始出现了。它是重要事宜——追求有意义的改变——的先决条件，但这种追求并不能给希望本身赋予意义。考虑一下在火焰中炼铁的普罗米修斯，没有炽热的火焰，他根本无法锻造犁或者剑，可空气、火焰和金属的温度，充其量不过是达到目的的手段。

希望正如铁的锻造点——它刚好被锻造出来的温度，同理，希望是我们恰好该采取行动的节点。但是，希望不是使铁达到锻造点的热源，不是使我们开始行动的推动力，也不是改变世界的动因。希望就如一块滚烫的烧铁，散发着危险，会伤害我们。但凭希望自身，什么事也干不了。

认同希望价值的社会活动家往往能够认识到上述事实。因此，索尔尼才会在书的后来版本中，引用帕特里斯·库卢（Patrisse Cullors）的言论，后者是人权运动"黑人的命也是命（Black Lives Matter）"的发起人之一。"黑人的命也是命"的使命，库卢写道，在于"为集体行动带去希望和激励，从而形成集体力量，实现集体变革。虽源于悲伤和愤怒，但指向愿景和梦想"。驱动这一运动的是悲伤和愤怒，而不是希望。希望无法激励我们采取行动，这一工作需由悲伤和愤怒来完成。同样，恐惧也能成为动力，对于那些致力于与气候变化有关的工作的人就是这样。"我并不想要你们抱有希望，"社会活动家格蕾塔·通贝里（Greta Thunberg）在达沃斯世界经济论坛（World Economic forum in Davos）上告诉听众，"我想

第七章　希望

让你们恐慌。"希望与不作为是一致的，即使它是一些好事——为具有不确定性的重要指示努力——的先决条件，但就其自身而言，它并没有价值。

如果你正试图着治愈疾病，试图适应身体残疾，试图应对或逃离孤独，试图克服困难取得成功或从失败中汲取教训，那就说明你正活在希望之中。你可能在希望之中自我感觉良好，抑或像我一样为恐惧所困扰，这都取决于你的脾性。如果希望让你焦虑，那就鼓起勇气。那位医生说得对：如果对于希望的恐惧阻止我冒治疗的风险，那就必须克服对于希望的恐惧。希望本身并不是作为——它是前提，并非目标。

我曾说希望令人矛盾纠结，也应该如此，可到目前为止的讨论都是消极的。希望并无太多裨益，充其量只是同好事有所关联，而且这种关联仍有待商榷。放弃希望，也就放弃了尝试，但无所事事之时，也能抱有希望。所以说，重在行动，而非希望。

我之所以对希望抱有矛盾的情感，是因为它不仅表现出一个方面。一方面，存在着一个人希望某种结果时所采取的一种态度；另一方面，还有一种满怀希望的品格特征,即在应该保有希望的地方保有希望。圣托马斯·阿奎那(Saint Thomas Aquinas)曾于13世纪末撰写了长达3 000页的天主教神学巨著《神学大全》(*Summa Theologica*),或许我们可以从中借用其对希望的描述。阿奎那将希望——他将其理解为"暴躁的激情",即对无法保证的东西所抱有的强烈渴望——与作为一种神学德性的希望相对照。后者的对象是永生。我们已探讨过前一种激情意义上的希望:欲望与信念的结合,是采取有意义的行动所必需的。此处的希望可以是被动的(passive),这从"激情"(passion)一词的构词中也可以看出来,而神学中的希望不尽相同。它是个人意志的积极倾向,人通过这一德性坚守同上帝联合的承诺,抵制绝望的一切诱惑。我虽然不信教,不信上帝,不信超越现世的东西,也不信永生,但我相信我们可以辨认出与这一神学德性平行的世俗德性。

阿奎那的观点其实受到了亚里士多德伦理德性理论的影响。后者认为,德性是两个相反的恶性之间的"中道(mean)",如勇敢介于鲁莽和懦弱之间,而慷慨之人既不挥霍也不吝啬。每种德性都掌控一类行动或情感,

第七章 希望

并为之寻觅中道。勇敢的人会"在合适的时间,针对合适的对象,面对合适的人,出于合适的动机,采取合适的方式"产生恐惧。慷慨也以类似的方式相关于付出和接受。

虽然亚里士多德并未表明希望是一种品格德性,但希望似乎也符合他的理论。一个人可能会抱有过高的希望,夸大成功的概率,就连小到几乎为零的可能性也断然不会放弃,也可能过于绝望,将概率看得极小,或者忽视掉原本值得一搏的事情。德性正介于这两种极端之间。善望(to hope well)意味着对可能性抱有现实的认识,既不陷入妄想,又不为恐惧所吓倒;意味着在应当的时候对可能性保持开放的态度。之所以坚守可能性,不是因为这让人更愉快——希望也许比绝望更为痛苦——而是为了让那潜在能动性的一点星火存续下去。

我不知道这是不是第欧根尼认为希望弥足珍贵的原因,但它确实是索尔尼书中谈及的一种德性。书的主体部分所谈论的,并非有关希望的理论,而是一段刚刚过去的历史,其所搜集的种种证据表明,改变并非毫无可能,比如南非种族隔离制度的废除,柏林墙(the Berlin

Wall）的倒塌，墨西哥萨帕塔主义者（Zapatista）的起义，同性婚姻的合法化，还有后续发起的运动，"占领华尔街（Occupy Wall Street）""无化石燃料"，以及"黑人的命也是命（Black Lives Matter）"。索尔尼难以相信"历史的天使"只能目睹"尸骸成堆"，却无法采取行动，于是便设想出"另一历史的天使（the Angel of Alternate History）"，后者会告诉我们："采取行动尤为重要，而且我们自始至终都在创造历史，所以有些事才会发生，而有些事不会发生……历史的天使会说，'太惨了，'可这位天使会说，'原本可能会更惨。'"抵抗并非徒劳。

善望这一德性事关信念，事关对真理的坚持或追寻，致力于可能之事。它还事关意志，让我们在手足无措时，还有设想另外一种情况的勇气。这才是我们面对生活种种不易时所该采取的应对方式，竭尽所能寻找可能性，即便身患残疾或罹患疾病也能把生活越过越好的可能性，以及于孤独、失败和悲伤中寻觅一条出路的可能性。所以，问题不在于是否抱有希望，而在于应对什么抱有希望。按照本书的精神，答案并不是理想的生活。我们真正需要的是承认并且"细读"自己拥有的生活。即使我

第七章　希望

不指望自己能被治愈，但我可以希望对疼痛稍加无视，或者做点什么让它有所好转。我可以希望再见见母亲，握着她的手，同她一起沿着滩头散步。滩头的河口聚集着一波又一波的潮水，一座大桥跨过河口，循着地球的形状划出一道弧线。但我知道，她的病治不好了。

希望存在限度，死亡便是其一。有些人梦想着把思想复制"上传（uploading）"到机器上，从而获得永生。但经简单论证便知，就算有朝一日机器确实能获得意识，他们也注定会失败。试想，你大脑里的思想上传了，其中的"数据"通过复制保留了下来，可你的大脑本身的数据并没有在复制过程中被清除。因此机器上线后便有两个主体：同之前一样的你，还有机器。可机器充其量不过是你思想的复制品，并非你自己，同理，即便机器在你死后开始运行，你也确实不在了，留下的仅仅是你的复制品。

通过自然手段无法长生不死，这需要一些超越性的东西，比如转世或上帝的意志。如果你不信教，你就无法希望自己永生。你也无法希望你的所爱之人能永生。对他们的死感到悲伤仍合乎情理：一种理性的绝望。每段关系都会封存，每种能力都会丧失，无论过程如何，它们终将消逝，一去不复返。最后似乎连希望都无影无踪：那束光灭了。

可如今我们早已紧闭双眼，抑或故意低头不见了。抬起头来吧，看看四周！全球有数十亿人，每年还有数百万人出生。套用弗兰兹·卡夫卡（Franz Kafka）的话：希望数不胜数——没有尽头——可惜不为我们所有。但这太悲观了。想想我们是谁？不仅是活生生的个体，还是人类整体，人类有希望，我们也就有希望。再次强调，问题不在于是否抱有希望，而在于应对什么抱有希望。我们可以希望生活富有意义：在坎坷中朝着更正义的未来蹒跚前行。

过去犯下的错误无法纠正，它们将永远伴随我们，但为更美好的世界而奋斗同样永无止境。我们仍有希望。以气候变化为例，全球变暖已无法避免，因为它已经发生，且会愈加严重。然而，这场灾难的严重程度是由度来衡量的，对度进行字面理解就好。温度每上升一点，都会造成不利影响。如果不能指望将上升的温度控制在 2 度，那么或许可以期望它仅上升 2.5 度，再不行，上升 3

第七章 希望

度。一边抱有希望，一边共同行动。我们可以希望在大家的共同努力下，地球能及时降温。希望永不磨灭："只要我们还能说'这是最糟的情况'/那这就还不是最糟的情况。"

要是不知道该希望什么，我们还可以希望学习。如今，很难想象该如何建设真正的民主，抑或如何才算是对过去进行有意义的补偿。不过，哲学家乔纳森·李尔（Jonathan Lear）所言的"激进的希望"仍有存在空间："激进的希望……指向我们目前的能力还无法理解的未来的善。"以及如艾丽斯·默多克所说，我们还可以希望新的概念会"扩展……语言的边界，让它给此前身处黑暗的区域带去光明"。

还有一些观念应该被抛诸脑后了：以最为理想的生活为指导或目标，仅把快乐作为人类的善，将个人利益与他人利益分离。残疾并不一定让生活更糟糕，痛苦也并非无法用言语表达。爱无需刻意求取，悲伤并无过错，悲伤的缓和也不算是背叛。生活不是一段"直到高潮才会膨胀紧绷"的叙事弧线，也不全在于完成一件件事情。正义的责任不必以罪责为基础；虽然我们无法知晓何时才算做得足够多了，但这不是什么也不做的理由。人生并不必然荒谬，其中还有希望的空间。

上述认识，有些植根于现代，有些来自新时代，而有些则源远流长。1991年，爱尔兰诗人谢默斯·希尼（Seamus Heaney）创作了《特洛伊之弥合》（*The Cure at Troy*）。这部诗剧由希腊剧作家索福克勒斯（Sophocles）的一部戏剧改编而成原剧，于公元前409年首次上演，大约是第欧根尼刚刚出生的时候。改编后的故事是这样的：希腊人包围了特洛伊城，他们的英雄阿喀琉斯（Achilles）已经死了。先知告诉他们，没有菲罗克忒忒斯（Philoctetes）和他的弓，战争便无法取胜。可问题在于，菲罗克忒忒斯在去特洛伊城的路上被奥德修斯（Odysseus）抛弃了，因为他的脚给蛇咬了，伤口感染，散发着恶臭。"是我／抛弃了他，"奥德修斯承认，"他和他那只害溃疡的脚——／或者说腐烂前的那只脚／已经溃烂得不像样了。"唯一的希望便是奥德修斯回到菲罗克忒忒斯所待的荒岛利姆诺斯（Lemnos），将他带回来，于是，奥德修斯带上了正沉湎于悲伤的阿喀琉斯之子涅俄普托勒摩斯（Neoptolemus），打算让他在菲罗克忒忒斯面

第七章 希望

前,把自己描述成他们共同的敌人,将菲罗克忒忒斯骗回特洛伊,从而赢得战争胜利。

接下来发生的事却出人意料。涅俄普托勒摩斯不愿意撒谎,只得硬着头皮上前去,以赢得菲罗克忒忒斯的信任。但是菲罗克忒忒斯说:"试想一下,孩子,/ 整个海湾空无一人。船一只不剩。/ 沦陷在孤独中。空空如也,除了 / 拍打的海浪和隐隐作痛的腐烂伤口。"涅俄普托勒摩斯听了这话,深感羞耻,将一切都坦白了,但也告知菲罗克忒忒斯,众神的预言必须实现,他必须去特洛伊城,医神阿斯克勒庇俄斯(Asclepius)会在那治愈他的伤口。"你要带上弓和我一起走 / 去往前线攻克那座城。// 这一切都必须实现。"事实也的确如此。

《特洛伊之弥合》这部戏剧,囊括了病痛、孤独、悲伤、失败、不义、荒谬和希望。它讲述了我们对待病患和伤员的麻木不仁,深陷疼痛的孤独无助,面对苦难的利齿时的坚韧精神;讲述了悲伤如何使我们步入歧途,成功与失败的交替轮转,不义的蛊惑和对纠正不义的憧憬;讲述了道德宇宙的发展弧线,以及世界的变幻莫测——众神随心所欲——如何创设意义或模糊意义,又如何孕育希望和行动。它吁求同情，吁求勇气，在不义的世界中高呼正义。临近剧终，合唱队（the Chorus）恳求菲罗克忒忒斯赶赴特洛伊参加战斗：

> 历史有言，别抱希望
> 在坟墓的这一侧。
> 但是，在人生中的某刻
> 或有憧憬已久的正义之潮
> 动地而来，彼时
> 希望和历史共振相和。

诗人和我们都清楚，"希望"和"历史"并不会共振。但是也许有朝一日，它们会以某种从未设想过的和谐方式，奔赴相同的方向。

致　谢

经纪人艾莉森·德弗罗（Allison Devereaux）曾说，我没必要写这么一本书，这才有了这本书。感激她的耐心、机智以及在编辑工作上的智慧。最重要的是，感谢她对我在能成为作家这一点上的深信不疑。谢谢你，艾莉森。

河源出版社（Riverhead）的编辑考特尼·杨（Courtney Young）高效又富有洞见。她的高质量审校帮我纠正了表达晦涩和思维混乱之处，从而避免了很多错误。感谢克里斯·维尔贝洛夫（Chris Wellbelove）和海伦·康福德（Helen Conford）为这本书找到了哈钦森·海涅曼出版社（Hutchinson Heinemann）这样一个完美的归宿。谢谢你，克里斯，也谢谢你，海伦。你们如此用心地阅读，指出哪些论述并不成功，从而让我的论述更少武断，也更具说服力。

2021年夏天，几位好友在我交稿前阅读了这本书的初稿。感谢马特·博伊尔（Matt Boyle）和迪克·莫兰（Dick Moran）的参与、鼓励和批评。于我而言，他们二人是智识上诚实的典范，我很感激他们的大力支持。伊恩·布莱切尔（Ian Blecher）对这本书的初期版本进行了详细评论，我基于此做了大量修改。我自觉无法同他的文字媲美，但也已尽力。感谢萨拉·妮克尔丝（Sara Nichols）对本书的开头部分提出的紧急建议。

对于艾拉（Elle）以及玛拉，我感激不尽。她们的坚韧和陪伴让我时刻保持理智。她们让我学会爱与失去、正义与失败。艾拉就如一座沉稳、正直、散发道德力量的灯塔，即使不是，我的爱也不会减少。玛拉的天赋影响了本书的每一章。在塑造智识生活和领悟成为一个作家的意义这些事情上，没有人对我的影响比她更大。二十五年来，我们由内及外，成就了彼此的生活。即便生活困难重重，我也因能与她携手共度而感到幸运。

Life Is Hard: How Philosophy Can Help Us Find Our Way
Copyright © 2022 by Kieran Setiya
Published by arrangement with The Cheney Agency, through The Grayhawk Agency Ltd.
The simplified Chinese translation copyright © 2025 by China Translation & Publishing House
ALL RIGHTS RESERVED
著作权合同登记号：图字 01-2022-7004 号

图书在版编目（CIP）数据

人生维艰/（美）基兰·塞蒂亚著；罗昊，汪彧译. -- 北京：中译出版社，2025.6
书名原文：Life Is Hard: How Philosophy Can Help Us Find Our Way
ISBN 978-7-5001-7290-1

Ⅰ.①人… Ⅱ.①基…②罗…③汪… Ⅲ.①人生哲学—通俗读物 Ⅳ.① B821-49

中国国家版本馆 CIP 数据核字 (2023) 第 194135 号

人生维艰
RENSHENG WEIJIAN

策划编辑：刘香玲
责任编辑：刘香玲
文字编辑：郑张鑫
营销编辑：黄彬彬
封面设计：Vasos
排　　版：冯　兴

出版发行：中译出版社
地　　址：北京市西城区新街口外大街 28 号普天德胜大厦主楼 4 层
电　　话：（010）68359719（编辑部）
邮　　编：100088
电子邮箱：book@ctph.com.cn
网　　址：http://www.ctph.com.cn

印　　刷：中煤（北京）印务有限公司
经　　销：新华书店
规　　格：880 mm×1230 mm　1/32
印　　张：8.25
字　　数：180 千字
版　　次：2025 年 6 月第 1 版
印　　次：2025 年 6 月第 1 次

ISBN 978-7-5001-7290-1　定价：69.00 元

版权所有　侵权必究
中译出版社